致密砂岩油藏微观孔隙结构特征及剩余油分布规律

黄兴　李响◎著

U0338895

中国石化出版社

图书在版编目(CIP)数据

致密砂岩油藏微观孔隙结构特征及剩余油分布规律 /
黄兴, 李响著. -- 北京：中国石化出版社, 2019.1
ISBN 978 - 7 - 5114 - 5201 - 6

Ⅰ. ①致… Ⅱ. ①黄… ②李… Ⅲ. ①致密砂岩 – 油
藏 – 微观孔隙 – 结构 – 研究②致密砂岩 – 油藏 – 剩余油 –
研究 Ⅳ. ①P618. 13

中国版本图书馆 CIP 数据核字(2019)第 017222 号

中国石化出版社出版发行

地址:北京市朝阳区吉市口路 9 号
邮编:100022　电话:(010)59964500
发行部电话:(010)59964526
http://www.sinopec-press.com
E-mail:press@ sinopec.com
北京科信印刷有限公司印刷
全国各地新华书店经销

*

850×1168 毫米　32 开本　5 印张　204 千字
2019 年 2 月第 1 版　2019 年 2 月第 1 次印刷
定价:40.00 元

前　言

　　致密油作为一种重要的全球非常规油气资源,其勘探与开发已成为近年来研究的热点。而致密砂岩储层具有物性差、微观孔隙结构特征非均质强、渗流特征复杂等特点,这与常规储层有着明显的区别。

　　孔隙结构特征是致密砂岩储层研究的核心。研究方法主要有扫描电镜、环境扫描电镜、铸体薄片、图像孔隙、常规压汞、恒速压汞、水驱油及相渗、润湿性测试、敏感性分析、核磁共振、CT 扫描等。只靠单一的研究手段和方法已不能有效研究致密砂岩储层的孔隙结构特征,通常是多种方法相结合。

　　一般都是在研究储层微观孔隙结构特征的基础上,再运用多种驱替实验来研究微观剩余油的分布。致密砂岩储层微观剩余油的分布是指当水驱过程终结时,在宏观上已被注入水波及驱扫过的孔隙中剩余的油。水驱后的微观剩余油按其形成原因可分为两大类:第一类是由于注入水的微观指进与绕流形成的微观团块状剩余油,因为没有被注入水波及到,所以保持着原来的状态;第二类是滞留于微观水淹区内的水驱残余油,这部分微观剩余油与微观团块状剩余油相比,在孔隙空间上更为分散,形状也更为复杂多样,需要更加深入的研究。针对致密砂岩油藏面临的严峻开发形势,以前的技术手段不能完全满足目前开发研究的需要,必须在剩余油研究的微观技术手段上实现突破,通过开展剩余油微观分布特征的细致深入研究,将宏观研究方法和微观研究相结合,尤其需要创新剩余油微观研究技术,才能有助于解决致密砂岩油藏微观剩余油分布规律研究的瓶颈问题。

国内外相关学者已在致密砂岩储层微观孔隙结构特征、真实砂岩微观模型驱油特征、剩余油分布规律等多个方面做了大量研究,但大部分研究缺少它们之间相互联系的有效论证。如不同的致密砂岩储层孔隙结构特征会对室内驱油实验和微观剩余油的分布规律带来怎样的影响?哪些因素的影响最大?哪种因素又是主要控制因素……

本书针对现有研究中存在的不足,多角度介绍了致密砂岩油藏微观孔隙结构特征、微观剩余油的驱替机理和分布规律等,并对其进行系统认识、定量评价及深入分析。在充分了解水驱后生产动态特征的前提下,将常规与先进的实验测试技术有效融合,综合利用物性、铸体薄片、场发射扫描电镜、高压压汞、核磁共振技术、真实砂岩微观水驱油技术和纳米级 CT 扫描技术等,对致密砂岩油藏的孔隙、喉道类型进行系统分类,在半定量评价致密砂岩油藏孔喉分布与变化特征的基础上,定量评价可动流体参数的变化规律,实现孔隙结构的定量表征,进而选取孔喉特征参数进行定量分类评价。

通过多种技术手段与实验方法对致密砂岩油藏微观剩余油的分布规律开展深入研究。将致密砂岩油藏微观剩余油的分布规律与宏观分布相结合,形成一套致密砂岩油藏剩余油综合分布的系列研究方法和开发关键技术,这类方法或技术将对致密砂岩油藏的高效开发提供重要参考,对于实现致密砂岩油藏的可持续科学开发,提高资源利用率和延长企业寿命具有重要意义。同时,也可为国内同类致密砂岩油藏开发提供借鉴依据,具有广阔的应用推广前景。

此外,在笔者多年经验积累的基础上,将多项研究成果系统总结形成《致密砂岩油藏孔隙结构特征及微观剩余油分布规律》一书,希望能够为广大科研工作者提供理论依据和技术支撑,有效指导致密砂岩油藏高效开发。

在此,感谢西安石油大学李天太教授、高辉教授在本书编写过程中给予的悉心指导和无私帮助,感谢课题组研究人员对本书相关内容给予的建议,感谢西安石油大学优秀学术著作出版基金、国家自然科学基金(51774236)给予的资助。

由于作者能力有限,书中难免有不足之处,敬请读者批评指正。

目　录

第1章 致密砂岩油藏精细描述

致密砂岩油藏作为一种重要的非常规油气资源，具有开发难度大、储层物性差、非均质性强、剩余油难以有效开发等特点。这些问题的存在，严重制约了油田的有效开发。为了进一步弄清楚油藏的开发现状，本章着重从致密砂岩油藏的地层特征、构造特征、沉积特征、储层非均质性等方面进行研究，为后期剩余油的研究做指导。

1.1 地质概况

鄂尔多斯盆地地跨陕甘宁蒙晋五省区，北起阴山、大青山和狼山，南至秦岭，西自贺兰山、六盘山，东抵吕梁山、中条山，总面积 $37 \times 10^4 km^2$，是一个稳定沉降、持续迁移的多旋回克拉通边缘盆地。三叠系总体为一西翼陡窄、东翼宽缓的不对称南北向矩形盆地。盆地边缘断裂褶皱较发育，而内部构造相对简单，地层平缓，一般不足 1°。可划分为伊盟隆起、渭北隆起、晋西挠褶带、伊陕斜坡、天环坳陷及西缘冲断构造带等六个一级构造单元。局部仅发育幅度较小的鼻状隆起。

盆地从晚三叠世开始进入台内坳陷阶段，形成闭塞—半闭塞的内陆湖盆，发育了一套以湖泊、湖泊三角洲、河流相为主的三叠系延长组碎屑岩沉积。整个延长组湖盆经历了发生—发展—消亡阶段，形成了一套完整的生、储、盖组合。

姬塬油田黄 3 井区位于宁夏自治区盐池县和陕西省定边县境内，属黄土丘陵山地，海拔 1500～1800m，地质构造上属伊陕斜坡西缘，面积约 $170km^2$。三叠系延长组自下而上分为 10 个油组，

其中长 8 油层组发育着重要的含油层系，是本区的主力油层组，
埋藏深度在 2600~2700m 左右（图 1－1）。

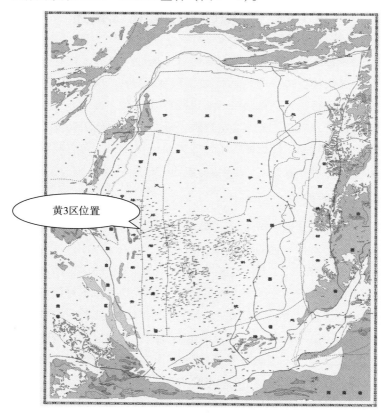

图 1－1　姬塬油田黄 3 区位置图

1.2　地层特征

地层作为一个地质体具有多方面的特征，如矿物成分、化学
成分、岩石的结构构造、层理面特征、对地震波反射吸收性质、
导电性、同位素年龄以及化石种类等。因此，我们就能够根据这

些不同的特征认识志留纪地层，划分与对比志留纪地层。

地层对比有多种方法，常规的方法主要有四种：生物地层学方法、岩石地层学方法、层序地层学方法、地层记录的地球物理响应。本书采用岩石地层学方法、层序地层学方法。

姬塬油田长 8 油层组以水下分流河道砂体沉积为主，自下而上由两个电测曲线特征变化明显的四级沉积旋回构成，按其特征可进一步分为长 8_1、长 8_2 两个亚油层组，地层厚度 68～87m。岩性以灰色、浅灰色细粒砂岩和深灰色泥岩、泥质粉砂岩互层为主，夹少量粉砂岩，见表 1 - 1。

表 1 - 1　姬塬油田延长组地层划分表

地层时代				厚度/m	岩性特征	标志层
系	组	段	油层组			
三叠系	延长组（T_3y）	第五段（T_3y_5）	长 1	0～240	暗色泥岩、泥质粉砂岩、粉细砂岩不等厚互层，夹炭质泥岩及煤线	K9
		第四段（T_3y_4）	长 2	长 2_1	40～50	灰绿色块状细砂岩夹暗色泥岩	
				长 2_2	40～45	浅灰色细砂岩夹暗色泥岩	K8
				长 2_3	40～50	灰、浅灰色细砂岩夹暗色泥岩	K7
			长 3	长 3_1	40～45	浅灰、灰褐色细砂岩夹暗色泥岩	K6
				长 3_2	40～45		
				长 3_3	40～55		
		第三段（T_3y_3）	长 4+5	80～110	浅灰色粉细砂岩与暗色泥岩互层	K5
			长 6	长 6_1	35～45	褐灰色块状细砂岩夹暗色泥岩	K4
				长 6_2	34～45	浅灰色粉细砂岩夹暗色泥岩	K3

续表

地层时代				厚度/m		岩性特征	标志层
系	组	段	油层组				
三叠系 (T₃y)	延长组		长6	长6₃	35~40	灰黑色泥岩、泥质粉砂岩、粉细砂岩互层，夹薄层凝灰岩	K2
		第二段 (T₃y₂)	长7	80~100		暗色泥岩、质泥岩、油页岩夹薄层粉细砂岩	K1
			长8	68~87		暗色泥岩、砂质泥岩夹灰色粉细砂岩	
			长9	90~120		暗色泥岩、页岩夹灰色粉细砂岩	
		第一段 (T₃y₁)	长10	280		暗色厚层块状中—细砂岩、极细砂岩、底部为粗砂岩	K0
	纸坊组					灰紫色泥岩、砂质泥与紫色中细砂岩互层	

根据长8油层组岩性、电性及钻遇率特征，确定了划分长8油层组的标志层。

长7"张家滩油页岩"：位于长7下部，为一套湖相油页岩，分布稳定，电性特征表现为高自然伽马、高电阻、高感应、高声波时差。

K1标志层：位于"张家滩油页岩"之下，为一套褐色凝灰岩或凝灰质泥岩，电性特征表现为高自然伽马、低电阻、大井径、高声波时差。

因此，长7"张家滩油页岩"与K1的组合是本次长8地层对比的主要参考标志层（图1-2）。

长8油层组总体上自然电位曲线主要为齿状、指状负异常，局

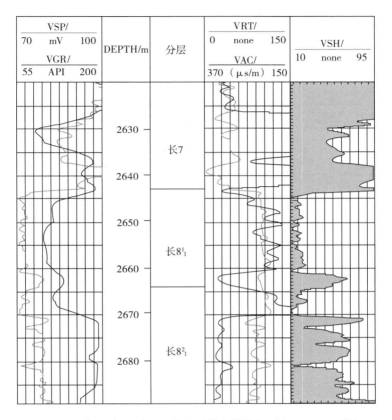

图 1 - 2　长 7/长 8 油层组分层界限电性特征（塬 22 -112 井）

部箱状负异常，自然伽马曲线呈指状、箱状，自然伽马曲线基本与自然电位曲线同形。视电阻率曲线齿状低值，局部中高阻。视电阻率曲线齿状低值夹尖峰中高阻。高自然电位、高自然伽马、高电阻特征为长 8_1^1、长 8_1^2、长 8_2 小层的标志层特征（图 1 -3、图 1 -4）。长 8 层位岩性整体呈暗色泥岩、砂质泥岩夹灰色粉细砂岩。其中，长 8_1^1 小层多为反旋回沉积，以灰色细砂岩、泥岩、泥质粉砂岩为主，还有粉砂质泥岩、粉砂岩。长 8_1^2 主要为正旋回沉积，局部出现反韵律。岩性以深灰、灰褐色细砂岩为主，还有深灰色泥岩、粉砂岩，粉砂质泥岩和泥质粉砂岩互层。长 8_2 岩性以灰黑色泥岩、灰色泥质粉砂岩为主，见少量细砂岩。

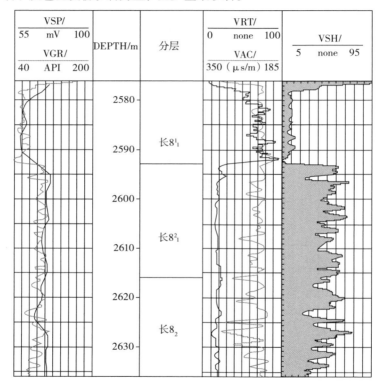

图 1 – 3　长 8_1^1 /长 8_1^2 分层界限电性特征（塬 22 – 112 井）

长 9 末期的灰白色中细砂岩的河道砂沉积，其自然电位（钟形 + 箱形）及自然伽马（箱形），用以确定长 9 砂岩段，且在断点对比中起到了很大作用（图 1 – 5）。

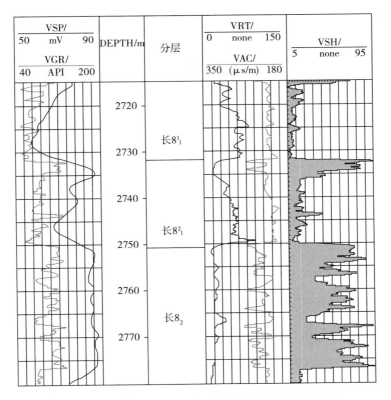

图1-4 长8₁²/长8₂分层界限电性特征（塬34-71井）

长9顶部的深灰色泥岩、碳质泥岩夹薄层粉细砂岩，在盆地中广泛分布。

因此，长9油层组上部大段砂岩段与顶部深灰色泥岩、碳质泥岩夹薄层粉砂岩的组合，可以作为标志层将长9与长8分开。

采用"旋回对比、分级控制、岩相厚度等"等方法对地层进行划分与对比，完成了黄3区长8油层组427口的地层划分和对比工作，本书选取横纵各一条剖面进行分析（图1-6、图1-7）。

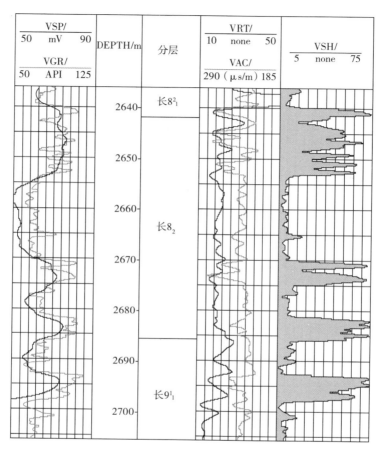

图 1 - 5　长 8_2 / 长 9 分层界限电性特征（塬 34 - 71 井）

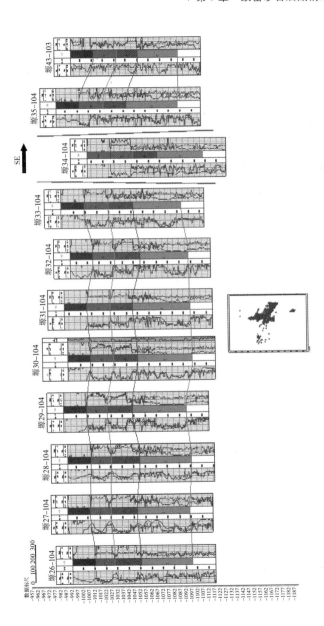

图 1 - 6　姬塬油田黄 3 区横向剖面地层对比图

（塬 26 - 114 井—塬 43 - 103 井）

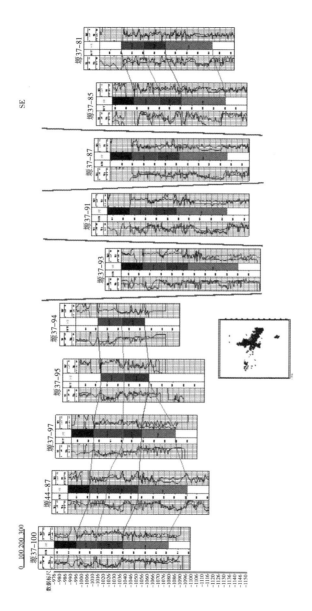

图 1 - 7 姬塬油田黄 3 区纵向剖面地层对比图

（塬 37 - 100 井—塬 37 - 81 井）

从图 1 – 6 可看出，研究区长 8 层位划分为长 8_1^1、长 8_1^2 和长 8_2 小层。在横向剖面上，长 8 层厚在 76 ~ 95m 之间。其中，长 8_1^1 小层厚度整体在 16 ~ 22m 之间，长 8_1^2 小层厚度整体在 18 ~ 25m 之间，长 8_2 小层厚度整体在 42 ~ 55m 之间。各小层厚度变化相对稳定，整体呈东高西低的态势。各井均钻穿整个长 8 层位。在塬 34 – 104 井两侧存在一条明显的断层带，深度在 20m 左右。断层带两盘的错乱会使断层面的岩性发生变化，经过压实作用形成渗透率较低的天然屏障，导致上下两盘连通性变差，在开采过程中这种屏障将导致注采体系不连通，这将对油藏流体流动方向起到遮挡作用。

从图 1 – 7 可看出，在纵向剖面上，整个长 8 层厚在 80 ~ 93m 之间。其中，长 8_1^1 小层厚度整体在 15 ~ 25m 之间，长 8_1^2 小层厚度整体在 17 ~ 23m 之间，长 8_2 小层厚度整体在 28 ~ 49m 之间。各小层在 8_1^1、长 8_1^2 的厚度变化相对稳定，但在长 8_2 小层的厚度变化就有些差异。部分井还未钻遇长 8_2 小层，例如塬 37 – 95 井、塬 37 – 94 井，其他井均钻穿长 8 层位。整体也呈东高西低的态势。在塬 37 – 93 井、塬 37 – 91 井、塬 37 – 87 井两侧均存在明显的断层带，深度在 20 ~ 30m 之间。这 3 条断层带的存在，也使得上下两盘的注采体系不连通。

1.3　构造特征

储层构造与油田的水驱规律及油气分布具有密切的关系。在研究区的地质背景下，以小层对比与划分为基础，对储层构造进行研究可充分挖掘油层潜力。

研究区位于最为宽广的陕北斜坡之上，区域构造表现为一平缓的西倾单斜，倾角仅 1°左右。在大单斜背景上发育了因岩性差异压实而形成的幅度较小的鼻状隆起，且自下而上具有继承性，在此构造背景之上，由于压实而形成的鼻隆上，出现局部圈闭。前期的研究表明，长 8 油藏主要受构造、岩相和储层物性变化控制。

根据小层划分与对比结果，绘制了研究区长 8_1^1、长 8_1^2、长 8^2 小层的顶面构造图等值线图。整个构造起伏相对较大，但构造整体仍表现为西倾单斜背景下的鼻状构造，整体构造较协调，小层的顶底面构造具有很强的连贯性，构造整体比较相近。

研究区部分地区存在 4 条明显的断层线，分别是塬 53 - 93 井、塬 47 - 95 井、塬 45 - 95 井、塬 42 - 97 井一带；塬 41 - 93 井、塬 40 - 93 井、塬 37 - 93 井、塬 33 - 94 井一带；塬 45 - 88 井、塬 43 - 88 井、塬 40 - 88 井、塬 36 - 89 井一带；塬 40 - 86 井、塬 39 - 86 井、塬 36 - 86 井一带，断层的分布加剧了储层的非均质性，造成断层两侧驱替效果不佳，从而导致断面层附近构造高部井位区域剩余油的富集。塬 47 - 95 井区、塬 40 - 93 井区、塬 43 - 88 井区、塬 39 - 86 等井区剩余油的富集量要高于其他井区，这也成为了重点挖潜对象。

1.3.1　长 8_1^1

长 8_1^1 层位整体呈东西向的鼻状隆起构造，部分地区形成较为明显的圈闭，剩余油富集，例如中北部的塬 24 - 112 井区、中部的塬 30 - 103 井区和塬 39 - 84 井区、东部的塬 59 - 88 井区。部分东西向井区的鼻状构造表现也较为明显：塬 60 - 92 井、塬 54 - 94 井、塬 45 - 96 井、塬 39 - 48 井一线，塬 62 - 88 井、塬 56 - 82 井、塬 50 - 90 井、塬 46 - 91 井、塬 44 - 92 井一线，塬 62 - 87 井、塬 60 - 86 井、塬 55 - 86 井、塬 51 - 86 井一线。这些鼻状构造带总体近于平行，形成了总体西倾单斜（图 1 - 8）。

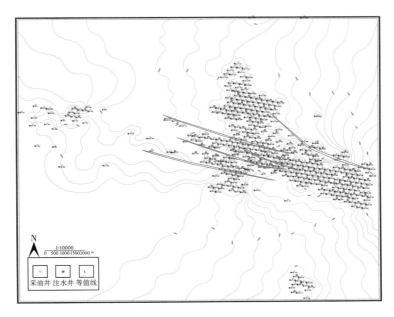

图 1 - 8　姬塬油田黄 3 区长 8_1^1 顶面构造图

1.3.2　长 8_1^2

由于小层顶底面构造具有很强的连贯性、继承性，构造整体比较相近。长 8_1^2 层位整体也呈东西向的鼻状隆起构造，部分地区形成较为明显的圈闭，例如中北部的塬 26 - 107 井区、中部的塬 33 - 100 井区和塬 32 - 100 井区、东部的塬 51 - 90 井区。部分东西向井区的鼻状构造表现也较为明显：塬 51 - 87 井、塬 48 - 99 井、塬 41 - 90 井一线，塬 62 - 88 井、塬 51 - 91 井、塬 50 - 91 井、塬 43 - 92 井一线。这些鼻状构造带总体近于平行，形成了总体西倾单斜（图 1 - 9）。

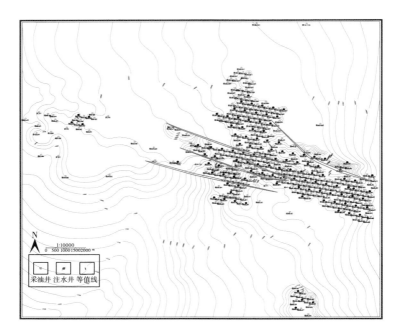

图 1-9 姬塬油田黄 3 区长 8_1^2 顶面构造图

1.3.3 长 8_2

长 8_2 层位整体也呈东西向的鼻状隆起构造，部分地区形成较为明显的圈闭，例如中北部的塬 37-100 井区、中部的塬 32-94 井区和塬 39-92 井区。部分东西向井区的鼻状构造表现也较为明显：塬 57-86 井、塬 50-87 井、塬 39-90 井一线，塬 65-86 井、塬 51-88 井、塬 53-92 井、塬 48-90 井一线。这些鼻状构造带总体也近于平行，形成了总体西倾单斜（图 1-10）。

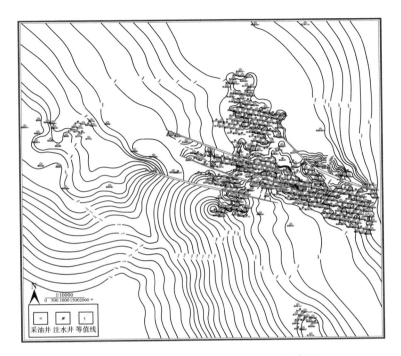

图 1 – 10　姬塬油田黄 3 区长 8_2 顶面构造图

1.4　沉积微相与砂体展布特征

沉积微相研究是储层地质研究的基础，是阐明储集体分布规律的主要手段。

前人相关研究表明：鄂尔多斯盆地经历了中晚元古代坳拉谷、早古生代浅海台地、晚古生代近海平原、中生代内陆湖盆和新生代周边断陷五个主要发展演化阶段。

在晚三叠世延长期，该盆地为一大型内陆淡水湖盆，经历了完整的湖进~湖退，即湖盆的形成、三角洲的发育、全盛、退化和解体、消亡的全过程。其中，长 10 时期为冲积平原形成期，长

9 为湖侵开始期，长 8 为湖盆缓慢凹陷期，长 7 为湖侵鼎盛期，进入长 8 时期湖盆下降速度放缓，湖盆相对稳定，沉积作用大大加强，到长 4 + 5 时期，盆地再度沉降，湖侵面积有所扩大。直至长 3、长 2 到长 1 时期，湖盆逐渐消亡。

延长统沉积时，姬源地区靠近盆地的陡坡，发育了进积的湖泊三角洲沉积体。该处物源供给充足，河流作用强，搬运距离远，河道进入水下仍继续以水下分流河道形式将陆源物质不断向浅湖搬运，形成湖泊三角洲前缘沉积。水下分流河道成了该区三角洲前缘的骨架砂体，同时也是储油的有利相带。

长 8 油层组是在长 9 油层组的基础上盆地进一步坳陷扩张的过程。当时姬塬地区靠近主要沉积中心天环坳陷和伊陕斜坡的南部，受到来自鄂尔多斯盆地北部和西部边缘物源的影响，发育了巨厚的湖泊三角洲碎屑沉积物。

1.4.1　岩石类型

根据岩心观察资料：姬塬油田黄 3 区长 8 油层组岩性以细砂岩、泥岩、泥质粉砂岩、粉砂质泥岩为主，夹少量粉砂岩。细砂岩为灰褐色、浅灰色，含油气性好；粉砂岩、泥质粉砂岩为灰色、灰绿色，部分含油；粉砂质泥岩、泥岩深灰，含植物碎片、炭屑、煤层。反映弱还原—还原环境（图 1 – 11）。

(a)塬42–90井，2568.75m，长8$_1^1$，灰褐色油斑细砂岩　(b)塬32–93井，2611.57m，长8$_1^2$，灰色泥质粉砂岩　(c)塬60–92井，2635.26m，长8$_1^2$，灰黑色泥岩

图 1 – 11　黄 3 区长 8 油层组岩心照片

1.4.2　沉积相类型及特征

姬塬油田黄 3 区长 8 油层组为三角洲前缘亚相，划分了水下分流河道、水下天然堤和支流间湾三种沉积微相。

1）水下分流河道

三角洲前缘水下分流河道是平原分流河道的水下延伸部分，分布面积广，是前缘骨架相。水下分流河道向湖心单砂体规模逐渐变小，平面上粒度上游粗下游细，垂向上呈多呈正韵律砂层叠加成向上变细的正粒序剖面结构。沉积物以细砂、粉砂为主，泥质极少，横向连续性差，多呈透镜体状。

水下分流河道底部与下伏地层多成冲刷—充填接触关系，有时发育泥砾，向上常发育交错层理、波状层理等构造。

单个水下分流河道砂体的电测曲线呈中—高幅钟形或指形。有时在多个水下分流河道叠置的主砂带内，多期水下分流河道依次截切超覆，从而形成多个砂体连续叠置关系。自然单位曲线呈中—高幅钟形或箱形（图 1 - 12），这种多个水下分流河道叠置形成的砂岩段物性好，砂层厚度大，层内非均质性弱，平面上连通性好，带状分布，它不仅是油气的主要运移通道，也是油气的主要储集场所。

2）水下天然堤

水下天然堤是溢出水下分流河道的泥砂在河道两侧快速堆积形成的堤状沉积体，横剖面呈背向河道方向迅速变薄的楔形体。岩性以灰、深灰色泥质粉砂岩、粉砂质泥岩为主，略具向上变细变薄的正韵律，泥岩含量明显增多。层内发育水平层理、变形层理等多种层理，所含化石稀少，但保存良好，多为较完整的炭化植物茎干和叶片化石，生物扰动钻孔构造、滑塌构造较为常见。上部有时见直立的炭化根系，显示水下天然堤为离湖水面较近的水下局部高地，沉积物一旦堆积后较稳定，有利于水生植物生长。电测曲线特征为指状（图1-13）。

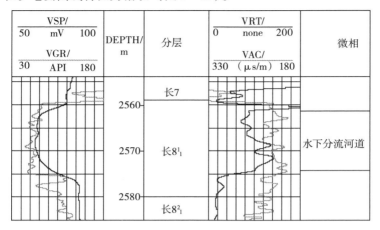

图1-12　水下分流河道微相分析图（塬60-84井）

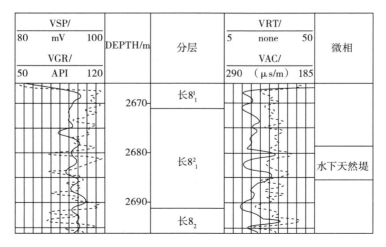

图1-13　水下天然堤微相分析图（塬22-109井）

3）支流间湾

位于三角洲前缘水下分流河道之间的小型洼地环境，水体与下游方向开阔湖水相通，向上游方向收敛。处于宁静的低能环境中，有间歇湖浪改造作用。一般以接受洪水期水下分流河道溢出和相对远源的悬浮泥沙均匀沉积为主，常形成一系列小面积的尖端指向上游的泥质楔形体。沉积构造以水平层理和波状层理为主。岩性以泥岩为主，含少量粉砂和细砂，泥岩中化石较丰富，以炭化植物为主，大多呈茎干和叶片沿层面密集分布和局部构成煤线产出，局部见生物扰动构造。电测曲线为低幅度微齿或线型（图 1-14）。

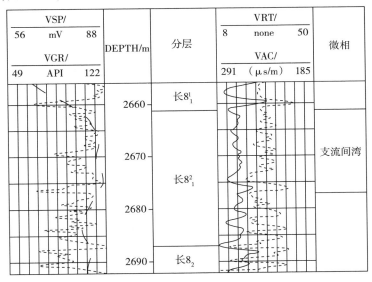

图 1-14　支流间湾微相分析图（塬 22-113 井）

19

1.4.3 沉积微相与砂体展布特征

长8油层组在整个黄3区都有分布，地层厚度在68~87m，平均厚度为76.51m。岩性以灰色、浅灰色细砂岩、粉砂岩、深灰色泥岩、泥质粉砂岩为主。各小层的沉积微相与砂体展布特征如下：

1）长8_1^1

长8_1^1属三角洲前缘亚相沉积，水下分流河道规模较大。从长8_1^1砂岩等厚图、沉积相图（图1-15、图1-16）看出，区内主要发育有2条水下分流主河道，1条次河道。其中东部一支主河道呈北西—南东向展布，规模较大，主河道沿塬22-113井、34-98井、49-92井一线，宽约1.8~3.7km；砂厚一般在20m以上，局部可达25m以上；西部一支主河道来自于北西，沿黄207井、塬34-70井、塬

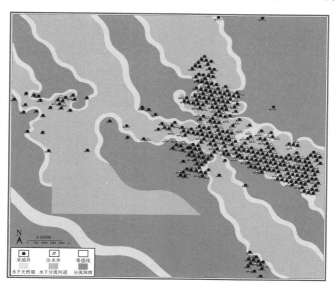

图1-15 姬塬油田黄3区长8_1^1小层沉积相图

50 - 92 井—线延伸，主河道宽约 1.5 ~ 4.1km，砂地比大多在 0.6 以上，局部达到 0.8，砂厚一般也在 20m 以上，局部可达 25m 以上，东西两部河道宽度和砂岩厚度均近似。两条分流河道在塬 44 - 92 井—塬 55 - 92 井—塬 62 - 87 井—线由于汇合所产生的沉积作用，使得该区砂厚、砂地比出现变化较大的复杂情况。

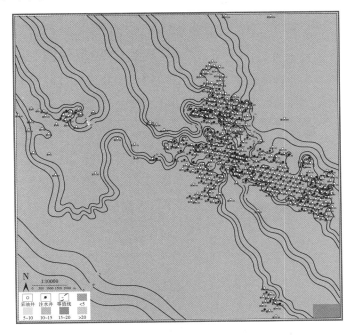

图 1 - 16　姬塬油田黄 3 区长 8$_1^1$小层砂岩等厚图

　　S 水下分流河道之间为分流间湾沉积区，以泥质沉积为主，砂厚一般小于 5m，砂地比小于 0.2，主要分布在中部的塬 36 - 84 井、塬 39 - 80 井—带，其他在东南部的塬 70 - 57 井、塬 71 - 58 井零星分布。

　　水下分流河道与分流间湾之间的过渡带为水下天然堤，相带一般 0.2 ~ 1.5km，砂层厚度 5 ~ 15m，砂地比 0.2 ~ 0.6。

2）长 8_1^2

至长 8_1^2 沉积时期，水下分流河道规模较长 8_1^1 要小。由长 8_1^2 砂岩等厚图、沉积相图看出，由于分流河道的侧向迁移、摆动，东部主河道砂体的带状特征已不十分典型，局部出现了网状分流河道的特点，如塬 54－94 井区、塬 59－90 井区（图 1－17、图 1－18）。本区西北部、中部和东南部一带砂体比较发育，西北部河道沿北西—南东向沿塬 7－92 井、塬 16－91 井一线呈长条状展布；河道宽约 1.1～2.3km，砂地比在 0.5～0.6 之间。中部砂体规模较大，砂地比 0.5～0.7，砂厚大于 20m，砂体延伸至东南部时，由于河道改道频繁，砂体形态多变；砂地比多在 0.6～0.7

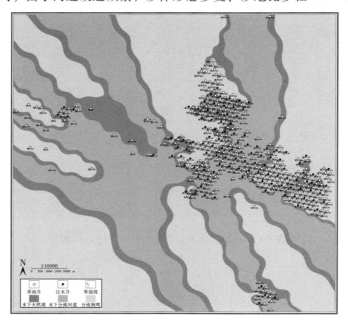

图 1－17　姬塬油田黄 3 区长 8_1^2 小层沉积相图

之间，局部高于 0.8，砂厚大于 25m，沿塬 40 - 87 井、塬 42 - 83 井一线砂体较为发育。

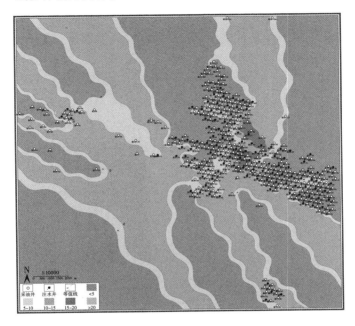

图 1 - 18 姬塬油田黄 3 区长 8_1^2 小层砂岩等厚图

三角洲平原分流河道间发育水下天然堤、分流间湾沉积。分流间湾一带，砂岩厚度小于 5m，砂地比小于 0.2。主要分布在塬 22 - 111 井、塬 24 - 107 井、塬 32 - 96 井、塬 1 - 93 井一带，塬 17 - 82 井、塬 52 - 22 井等井区呈星点状分布。

水下分流河道沉积与分流间湾沉积之间的地区为水下天然堤沉积，砂层厚度一般为 5 ~ 10m，砂地比 0.2 ~ 0.4。

3）长 8_2

本区长 8_2 继承了长 8_1^2 沉积的特点，仍属于三角洲前缘亚相沉

积，分流河道规模大大减小，例如塬 39 - 96 井区、塬 44 - 92 井区、
塬 55 - 92 井区在长 8_2 小层的分流河道规模要明显小于在长 8_1^1、长
8_1^2 小层。总体砂层厚度减薄，一般厚 15～20m，砂地比大多介于
0.4～0.5 之间。从长 8_2 砂岩等厚图上看出，本区总体上发育有多条
北西—南东向分流河道，局部呈现出网状，其中中东部一支分流河
道砂体最为发育，沿塬 31 - 106 井、塬 32 - 100 井、塬 36 - 90 井展
布，河道宽 1.1～2.1km，砂厚局部大于 20m；中部一支沿塬 21 - 96
井、塬 28 - 92 井、塬 32 - 88 井一线展布，在塬 87 - 88 井、塬 39 -
86 井一带与中东部一支贯通，呈现出复杂的网状（图 1 - 19）。长
8_2 分流河道砂体总体上较长 8_1^1、长 8_1^2 要薄（图 1 - 20）。

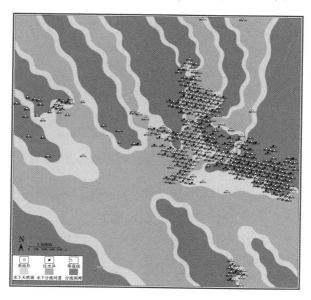

图 1 - 19　姬塬油田黄 3 区长 8_2 小层沉积相图

需要强调的是研究工作中是根据砂体厚度变化及展布进一步确

定微相的，由于每个油层亚组包含不只一个河道沉积旋回，因此微相图中的分流河道并非某一条古河道的位置和规模，而是几期分流河道重叠，只是那里的分流河道沉积砂体最发育，而河道两侧并非完全是洪泛沉积物，除少数井区为河道间的分流间湾，水下天然堤外，多数地区仅是河道期次较少或砂层厚度较薄而已。

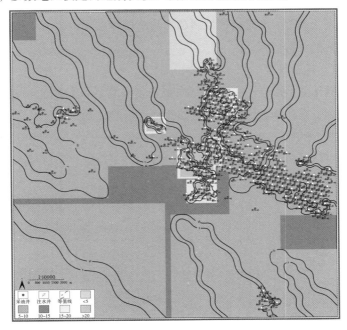

图 1 - 20　姬塬油田黄 3 区长 8$_2$ 小层砂岩等厚图

1.5　储层非均质性研究征

储层非均质性是指储层的基本性质（包括岩性、物性、电性、含油气性以及微观孔隙结构等特征），在三维空间上分布的不均一性。

本次储层非均质性研究以岩心薄片分析、物性分析、黏土矿物分析等资料为基础，以测井多井评价为手段，从微观、宏观、层内、层间及平面等方面研究目的层的非均质性。

1.5.1 层内非均质性

层内非均质性是指一个单砂层内部垂向上储层性质的差异性，包括砂层内部垂向上粒度分布的韵律性、层理构造、渗透率等的变化情况。它是直接控制和影响单砂体层层内水淹程度和波及系数的关键因素。

1）韵律特征

砂体的韵律性是指砂体垂向上粒度及物性（特别是渗透率）的变化，它与水动力强弱及所处的沉积相带有关。

岩心和测井资料表明：黄3区长8储层各小层内的渗透率和粒度具有多种韵律性特征，主要有正韵律、反韵律、复合韵律等三种类型。

（1）正韵律。

粒度为下粗上细的沉积特征，渗透率自下而上逐渐减小，最高渗透率段在底部的韵律段（图1-21）。这种类型主要分布在水

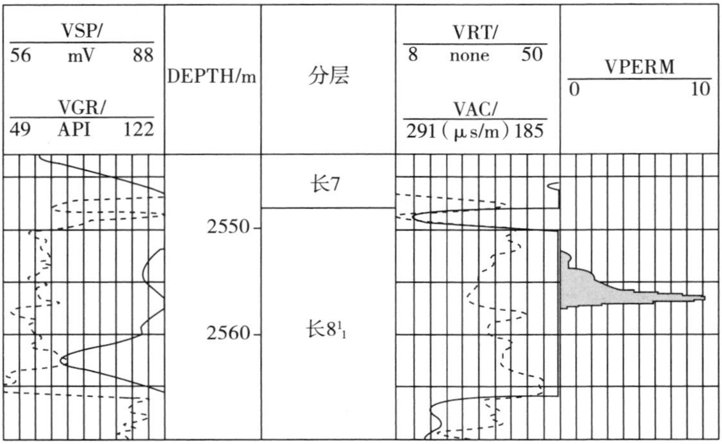

图1-21　正韵律砂体测井、岩心特征图（塬62-84井）

下分流河道底部沉积中，自然电位曲线呈明显的钟型。

（2）反韵律。

自下而上，岩性变粗，渗透率逐渐增大，最高渗透率段在储层上部（图 1－22）。这种类型主要分布在水下分流河道、水下天然堤或两期河道过渡沉积中，自然电位和自然伽马曲线呈漏斗形。

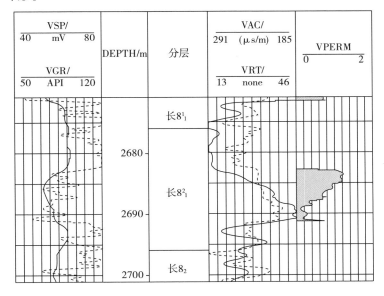

图 1－22　反韵律砂体测井特征图（塬 61－89 井）

（3）复合韵律。

复合韵律自下而上由粗变细再变粗，或由细变粗再变细的连续演变序列叫复合韵律，是河道迁移改道和相互叠置而成的产物（图 1－23）。

层内粒度韵律性的变化通常会影响到层内渗透率的差异，从而造成层内水淹程度、驱油效率的差异。由于水驱运动是由下往

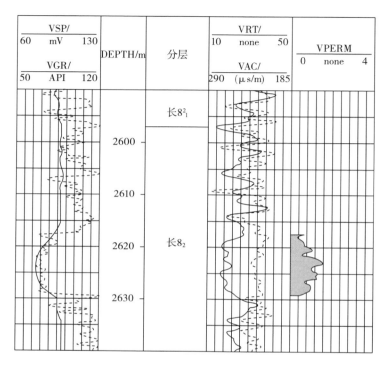

图 1 - 23　复合韵律砂体测特征图 （塬 63 - 90 井）

上有利，所以反韵律水驱效果比较好，对层内的非均质性贡献
小；正韵律、复合韵律对层内的非均质性贡献大。

通过岩心观察和测井资料的分析，黄 3 长 8 油层组各小层内的
韵律性较明显：长 8_2 总体表现为反韵律或均质韵律，长 8_2^1、长 8_1^2
多为正韵律，长 8_1^1 总体为细—粗—细的复合韵律。从韵律上看，
长 8_2、长 8_1^1 下部小层内的纵向上波及厚度及注水开发效果较理想。

2）层内非均质性定量评价

研究层内非均质性主要通过岩心分析资料，测井资料，结合
沉积微相研究来实现。常采用渗透率变异系数、渗透率突进系数

和渗透率级差来表征。

中国石油天然气总公司颁布的储层非均质性的评价标准见表 1 - 2：

表 1 - 2 储层非均质性划分标准

类 型	变异系数（K_v）	突进系数（T_k）	级差（J_k）
均质型	< 0.5	< 2	< 2
中等非均质型	0.5 ~ 0.7	2 ~ 3	2 ~ 6
严重非均质型	> 0.7	> 3	> 6

利用黄三区 9 口取心井 893 个岩心样品的实测渗透率值，计算并统计了各井和单层的层内非均质参数。

黄三区长 8 油层组各小层变异系数、突进系数、级差都较大（表 1 - 3），层内非均质性较强，皆属于较严重非均质型。

表 1 - 3 黄 3 区长 8 油层组取心井单层非均质参数特征表

层位	井号	样品数	渗透率/$10^{-3}\ \mu m^2$			变异系数	突进系数	级差
			最大值	最小值	平均值			
长 $8_1{}^1$	黄 3	50	0.2721	0.0068	0.0672	0.81	4.05	40.28
	塬 32 - 93	91	0.7370	0.0165	0.2107	0.67	3.50	44.67
	塬 34 - 87	58	1.7286	0.0085	0.0975	1.80	17.73	203.36
	塬 40 - 92	187	0.7765	0.0085	0.1807	0.79	4.30	91.35
	塬 53 - 89	138	15.7660	0.0110	1.4691	1.87	10.73	1433.27
	合计	524	15.7660	0.0068	0.5052	3.02	31.21	2333.97
长 $8_1{}^2$	塬 34 - 87	47	0.4751	0.0018	0.0362	1.87	13.12	263.94
	塬 40 - 92	173	2.3538	0.1460	0.1725	1.17	13.65	16.12
	塬 47 - 93	9	0.0219	0.0044	0.0078	0.69	2.81	4.98
	塬 53 - 89	18	0.3050	0.0280	0.1738	0.54	1.75	10.89
	合计	299	2.3538	0.0018	0.1381	1.36	17.04	1327.58

续表

层位	井号	样品数	渗透率/10⁻³ μm²			变异系数	突进系数	级差
			最大值	最小值	平均值			
长8₂	塬32-93	126	23.4337	0.0126	2.0168	1.85	11.62	1859.82
	塬33-89	239	22.6736	0.0310	1.68	1.64	13.54	731.41
	塬34-87	102	9.5454	0.0397	1.9911	0.98	4.79	240.44
	合计	467	23.4337	0.0126	1.8406	1.60	12.73	1861.29

垂向上，各项非均质性参数反映了一致的层内非均质特征。其中砂体最不发育的长8₂小层非均质性最弱，属于中等—强非均质型；而砂体最发育的长8₁¹小层非均质性最强。这与不同沉积微相砂体的发育特征密切相关。对于黄3长8油层组，不同沉积微相砂体的非均质性参数从大到小的顺序依次为水下分流河道、水下天然堤、分流间湾。这是因为沉积规模的差异及多期叠置而形成的水下分流河道砂体非均质性强；分离间湾砂体因为水流冲洗作用，其层内非均质性相对较弱；分选良好的粉细砂岩为主的天然堤砂体，其层内均质程度也好于粒度相对较粗的水下分流河道砂体；分流间湾是由于水下天然堤水流冲刷作用之后而形成的薄而面积大的砂层。

长8₁¹小层以复合沉积旋回为特点，水下分流河道微相为主，层内非均质性最强的原因有两个：一是横向上河道频繁侧向迁移，侧积泥质夹层发育，导致粒度粗细混杂，砂体连通情况复杂；二是垂向上分流间湾、水下天然堤、水下分流河道沉积呈相间分布，分流间湾沉积易成为隔夹层，导致砂体连通性变差。

以正旋回沉积为特点的长8₁²、长8₂小层砂体结构成分成熟度高，长8₂小层席状砂连片发育，层内非均质性最弱。

总之，黄 3 区长 8 油层组储层的非均质性强弱受各时期沉积微相的控制。

1.5.2　层间非均质性

层间非均质性主要体现在层间隔夹层分布情况，不同砂体纵向的连通情况，以及渗透率在纵向上的差异情况。层间非均质性主要受沉积相带展布规律的控制。

1）层间渗透率非均质程度

从表 1-4 可以看出：黄 3 区长 8 各个小层变异系数、突进系数、级差都较大，皆为严重非均质层。但小层间非均质性差异程度相对较小。长 8_1^1 小层非均质性较强，且从上到下呈逐渐减小的趋势。

表 1-4　黄 3 区长 8 各小层渗透率非均质性参数统计表

层名	样品数	渗透率平均值/$10^{-3}\mu m^2$	变异系数	突进系数	级差
长 8_1^1	524	0.5052	3.02	31.21	2333.97
长 8_1^2	299	0.1381	1.63	17.04	1327.58
长 8_2	467	1.8406	1.40	12.73	1861.29

2）层间隔层分布特征

隔层是指单砂体之间分隔砂层，阻挡流体垂向流动的非渗透遮挡层或阻渗层，是非均质多油层的油田划分层系，实施分套开采所必须考虑的一个问题。研究区内以泥质隔层为主，隔层沉积环境主要为分流间湾微相。砂层组之间的隔层岩性为深灰色泥岩，为短暂湖泛时期形成的分流间湾微相，平均隔层厚度为16.29m，分布范围广。砂体间平均隔层厚度在 13.38～18.22m 范围内，隔层厚度较大，无隔层钻遇井数少（表 1-5）。长 8_1^2 与长 8_2 隔层厚度最大，所有的井都有钻遇。

表 1 – 5　黄 3 区长 8 隔层厚度统计表

隔层名称	隔层厚度/m			钻遇井/口	隔层厚度 > 1m 井数/口	无隔层井/口
	最大	最小	平均			
长 8_1^1 与长 8_1^2	32.91	0.38	13.38	498	480	17
长 8_1^2 与长 8_2	30.5	0.14	18.22	509	508	0

1.5.3　平面非均质性

平面非均质性是指由储集层砂体的几何形态、规模、孔隙度、渗透率等空间变化引起的非均质性。其中，孔隙度、渗透率的大小和分布又受砂体分布的控制。而砂体的几何形态、规模等直接受控于沉积相，所以说平面非均质性的控制因素主要是沉积相。黄 3 区长 8 油层组位于三角洲前缘亚相，砂体主要发育在三角洲水下分流河道微相。

1）沉积微相与砂体平面展布特征

三角洲水下分流河道砂体构成了黄 3 区储层含油砂体的骨架，由于河道的方向性，使其控制了砂体的几何形状和连通性：沿物源方向，砂体呈条带状展布，相同相带砂体连通性较好，含油性也好；垂直物源方向，砂体连续性差，连通性差，含油性也差。各层砂体连续性的差别主要是由于各期沉积环境特征的不同所至。砂体的平面连续性可从钻遇率来反映（表 1 – 6）。储层沉积微相控制着砂体的几何形态，同时控制着储层物性。

表 1 – 6　黄 3 区长 8 储层有效砂体钻遇率与物性统计

层名	有效砂体厚度/m	钻遇砂体井数/口	钻遇率/%	测井解释成果		
				孔隙度/%	渗透率/$10^{-3}\mu m^2$	含油饱和度/%
长 8_1^1	0.86 ~ 22.53	462	84.3	9.56	1.66	52.52
长 8_1^2	1.37 ~ 20.89	278	50.73	8.82	0.74	45.95

层名	有效砂体厚度/m	钻遇砂体井数/口	钻遇率/%	测井解释成果		
				孔隙度/%	渗透率/10^{-3} μm^2	含油饱和度/%
长 8_2	2.68 ~ 36.84	220	40.15	10.99	1.57	36.66

2）物性平面变化规律

黄三井区长8储层属于低孔—特低孔、低渗—超低渗储层，平均孔隙度为 7.22%，平均渗透率为 0.10×10^{-3} μm^2。从物性平面展布情况来看，孔隙度分布与渗透率分布规律基本一致，即物性好的、孔隙度高的地区主要分布在水下分流河道微相中，能够清晰反映出微相的岩性特征。

长 8_1^1 储层物性好的砂体主要分布在水下分流主河道。孔隙度主值区间为 8% ~ 12%，渗透率主值区间为（0.5 ~ 2.0）× 10^{-3} μm^2。孔渗高值区在东部塬 22 - 111 井—塬 38 - 97 井—塬 64 - 84 井一线。储层物性好的砂体主要分布在工区东部的水下分流主河道。孔隙度主值区间为 10% ~ 12%，渗透率主值区间为（0.5 ~ 2.0）× 10^{-3} μm^2。孔渗高值区在塬 40 - 89 井—塬 38 - 88 井一带。

长 8_1^2 储层物性好的砂体主要分布在水下分流主河道。孔隙度主值区间为 8% ~ 10%，渗透率主值区间为（0.5 ~ 1.5）× 10^{-3} μm^2。孔渗高值区在东南部塬 31 - 102 井—塬 38 - 97 井—塬 46 - 83 井一带。

长 8_2 储层零星分布。孔隙度一般小于 10%，渗透率一般小于 1×10^{-3} μm^2。孔渗相对高值区在塬 42 - 83 井区。

总之，黄 3 区长 8 油层组中，长 8_1^1 小层物性较好的区域分布范围最广；长 8_1^2 小层物性较好的区域呈条带状分布；长 8_2 小层物性较好的区域分布零星。

1.6 小结

（1）研究区长 8 油层组的地层厚度在 $68 \sim 87\mathrm{m}$，平均厚度为 $78.53\mathrm{m}$。自上而下可细分为长 $8_1{}^1$、长 $8_1{}^2$、长 8_2 共 3 个小层。

（2）研究区长 8 油层组构造形态有很好的继承性，总体表现为东高西低的特点。整体向西南倾斜，东南部为最高点。全区分布了 4 条正断层，由于断层的影响，局部构造起伏变化较大。

（3）研究区长 8 油层组岩性以细砂岩、泥岩、泥质粉砂岩、粉砂质泥岩为主，夹少量粉砂岩。研究区沉积类型为三角洲前缘亚相，微相类型可划分为：水下分流河道、水下天然堤、支流间湾。

（4）研究区长 8 各个小层变异系数、突进系数、级差都较大，皆为严重非均质层。小层间非均质性差异程度相对较小。其中，长 $8_1{}^1$ 小层非均质性较强，长 $8_1{}^2$ 次之，长 8_2 最差。

第2章 致密砂岩储层微观孔隙结构特征

储层微观物理研究对致密砂岩油藏高效开发有着重要意义，而孔隙结构特征正是储层微观物理研究的核心内容。在我国，对于中、高渗透砂岩储层的微观孔隙结构特征研究已取得了大量的研究成果，但对于致密砂岩储层这方面的研究还较少。中、高渗储层一些较好的研究成果在致密砂岩储层中并不适用。本章分别从微观孔隙结构特征、微观孔喉特征、可动流体变化特征三个方面来深入研究致密砂岩储层，为后续剩余油的分布规律研究做指导。

2.1 致密砂岩储层微观孔隙结构特征

本节对致密砂岩储层的岩石学特征、物性特征、孔隙特征及喉道类型四个方面做了深入研究。以鄂尔多斯盆地姬塬油田黄3区长8储层为例，系统分析致密砂岩储层的微观孔隙结构特征。

2.1.1 岩石学特征

储层岩石学特征是储集层最基本的特征，是组成储集层岩石固体骨架部分的特征综合，包括碎屑成分、填隙物、颗粒粒度及分选等特征。这些特征对储集层的孔隙空间特征、物性特征等起着重要的影响；同时，也可反映储层成岩作用类型及强度。

碎屑岩岩石类型的差异与沉积搬运过程中的沉积分异作用有关，同时也与物源区性质有关。通过岩心观察描述及39块岩心样品分析数据可知，研究区主要碎屑组分是石英、长石、岩屑和填隙物。岩矿组分中，石英占30.90%，长石占34.63%，岩屑占15.32%，填隙物占18.82%。岩石类型主要为岩屑质长石砂岩，次为长石砂岩,填隙物含量为 18.82%。总体特征为:高长石低岩屑,含较多的石英。表明砂岩的成分成熟度普遍较低,属于沉积水体能量较低、距离物源较近的低能低源环境的产物(图 2－1、图 2－2)。

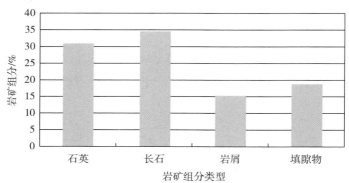

图 2－1　姬塬油田黄 3 区岩矿组分分布直方图

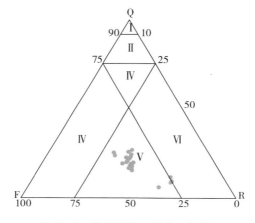

图 2－2　黄 3 区岩矿组分三角图

通过岩心观察及薄片鉴定,姬塬油田长 8 砂岩碎屑颗粒粒度一般介于 0.10～0.50mm 之间，以 0.15～0.30mm 之间最为常见，大多具细粒、细中粒和中细粒结构，中粒结构次之，少量极细—细粒结构，总体来看，砂岩粒度较细。碎屑颗粒呈次棱角状，分选好。颗粒之间以点接触为主，其次为线接触，结构成熟度中等—好。胶结物类型较多样化，以加大—孔隙式、孔隙式为主，还有薄膜—孔隙式、孔隙—薄膜式、孔隙—加大式胶结等。岩屑成分较杂，以变质岩屑（千枚岩、板岩、石英岩、片岩等）、火成岩屑（喷发岩）为主，石英/（长石 + 岩屑）为 0.33～0.79，平均为 0.62，也表明砂岩的成分成熟度低。

2.1.2　物性特征

孔隙度反映岩石中孔隙的发育程度，表征储集层储集流体的能力，是储层储集性能的反映；渗透率反映岩石允许流体通过的能力，是储层流动性能的反映。通过分析储层的物性变化特征可以从一定程度上揭示微观孔隙结构的特征（表 2 - 1）。

表 2 - 1　储层物性统计

区块	层位	孔隙度/%				渗透率/$10^{-3}\mu m^2$				样品数
		最大	最小	平均	级差	最大	最小	平均	级差	
姬塬黄3	长8	11.54	1.35	7.22	10.19	0.25	0.007	0.102	0.418	39

根据研究区生产井的物性资料分析得出，研究区延长组长 8 储层物性为：孔隙度最小值 1.35%，最大值 11.54%，平均 7.22%，主要孔隙度分布范围在 5%～11%，占总孔隙样品的 78.9%，级差为 10.19；渗透率最小值 $0.01 \times 10^{-3}\mu m^2$，最大值 $0.25 \times 10^{-3}\mu m^2$，平均 $0.15 \times 10^{-3}\mu m^2$，主要分布在（0.05～0.20）$\times 10^{-3}\mu m^2$，占总渗透率样品的 86.8%，级差为 0.418。上

述物性参数表明，研究区延长组长 8 储层为致密砂岩储层。

进一步对研究区孔隙度与渗透率的相关性进行分析（图 2 - 3）。

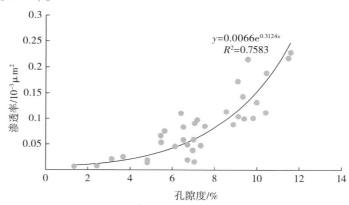

$$y=0.0066e^{0.3124x}$$
$$R^2=0.7583$$

图 2 - 3　渗透率与孔隙度相关性分析

从结果来看，渗透率与孔隙度表现出正相关关系（相关性较好），即渗透率随着孔隙度的增大而增加。由此可见，致密砂岩储层孔隙、喉道的形状、大小、连通情况等对物性的影响较大，孔隙结构越复杂，其物性影响因素就越多，物性的不同正是孔隙结构差异性的一种具体表现。

2.1.3　孔隙特征

通过铸体薄片、扫描电镜等技术手段对研究区长 8 储层 39 个岩心分析数据进行统计（图 2 - 4、图 2 - 5），表明储层孔隙类型主要为粒间孔、长石溶孔、晶间孔和岩屑溶孔（微孔），面孔率为 0.3% ~ 6.0%，平均 2.24%，平均孔径为 5 ~ 15μm。粒间孔、长石溶孔构成了主要的储集空间类型。除此之外，还有少量的晶间孔和岩屑溶孔（微孔）。

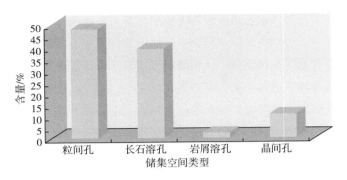

图 2 - 4　姬塬油田黄 3 区孔隙类型分布直方图

(a) 粒间孔和长石溶孔
(长 8 层 23 号样品, 深度 2657.42m)

(b) 粒间孔及加大
(长 8 层 25 号样品, 深度 2573.92m)

(c) 粒间孔及绿泥石膜
(长 8 层 22 号样品, 深度 2611.28m)

(d) 连晶状充填孔隙的钙质
(长 8 层 26 号样品, 深度 2635.37m)

图 2 - 5　研究区主要孔隙类型铸体薄片和电镜扫描照片

2.1.4　喉道类型

喉道为连通两个孔隙的狭窄通道, 每一支喉道可以连通两个孔隙, 而每一个孔隙则可和三个以上的喉道相连接, 有的甚至和 6 个至 8 个喉道相连通。喉道是岩石中流体运移能力及渗透率大小的主要控制因素，而喉道的大小和形态主要取决于岩石的颗粒接触关系、胶结类型以及颗粒本身的形状和大小。砂岩储层的喉道主要有如下5种类型：孔隙缩小型喉道、缩颈型喉道、片状喉道、弯片状喉道、管束状喉道。

孔隙缩小型喉道：即喉道是孔隙的缩小部分［图2-6（a）、图2-6（b）］，这种喉道类型往往发育于以粒间孔为主的砂岩储集层中，其孔隙与喉道难以区分。常见于颗粒支撑、飘浮状颗粒接触以及无胶结物式类型。此类孔隙结构属于孔隙大、喉道粗，孔喉直径比接近于1，岩石的孔隙几乎都是有效的。

缩颈型喉道：可变断面收缩部分为喉道［图2-6（c）、图2-6（d）］，当砂岩颗粒被压实而排列比较紧密时，虽然其保留下来的孔隙是比较大的，但颗粒间的喉道却大大变窄。此时储集岩可能有较高的孔隙度，但其渗透率却可能较低，属于大孔隙细喉道类型，孔喉直径比很大。根据喉道大小其孔隙有的可以是无效的。常见于颗粒支撑、接触式、点接触类型。

片状或弯片状喉道：喉道呈片状或弯片状，为颗粒之间的长条状通道［图2-6（e）、图2-6（f）］，当砂岩压实程度较强或晶体再生长时，晶体再生长边之间包围孔隙变得更小，其喉道实际上是晶体之间的晶间隙。其后张开密度较小，一般小于1μm，个别为几个微米。当沿颗粒间发生溶蚀作用时，亦可形成较宽的片状或宽片状喉道。故这种类型喉道变化较大，可以是小孔隙细喉道，受溶蚀作用改造后亦可以是大孔隙粗喉道，孔喉直径比为中等—较大。常见于接触式、线接触、凹凸接触式类型。

管束状喉道：当杂基及各种胶结物含量较高时，原生的粒间孔隙有时可以完全被堵塞。杂基及各种胶结物中的微孔隙（<0.5μm的孔隙）本身即是孔隙又是喉道，这些微孔隙像一支

支微毛细管交叉地分布在杂基和胶结物中［图 2-6（g）、图 2-6（h）］。其孔隙度属中等或较低，渗透率极低，大多小于 $0.1 \times 10^{-3} \mu m^2$。由于孔隙就是喉道本身，所以孔喉直径比为 1。常见于杂基支撑、基底式及孔隙式、缝合接触式类型。

（a）缩小型喉道（塬28-94井，长8，2号样，2635.21m）

（b）缩小型喉道（塬37-100井，长8，3号样，2596.47m）

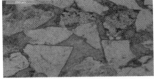
（c）缩颈状喉道（塬32-93井，长8，1号样，2676.59m）

（d）缩颈状喉道（塬48-91井，长8，5号样，2712.36m）

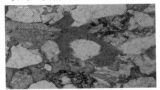
（e）片状喉道（塬37-88井，长8，3号样，2665.81m）

（f）片状、弯片状喉道（塬49-92井，长8，6号样，2703.78m）

（g）管束状喉道（塬40-91井，长8，3号样，2677.65m）

（h）管束状喉道（塬45-82井，长8，2号样，2711.79m）

图 2-6　长 8 储层主要喉道类型

2.2 致密砂岩储层的微观孔喉特征

上节对致密砂岩储层微观孔隙结构特征进行了研究，在此基础上，本节采用高压压汞技术和纳米级 CT 扫描技术进一步来研究这类储层的微观孔喉特征。通过实验测试，对微观孔喉变化特征进行定量表征，以便从本质上认识致密砂岩储层的孔隙、喉道分布变化规律，揭示制约该类储层高效开发的关键因素。

2.2.1 高压压汞技术研究致密砂岩储层的微观孔喉特征

致密砂岩的储集空间是由于多种类型的孔隙通过喉道连接起来所组成的复杂多变的孔喉系统。压汞技术是除铸体薄片、扫描电镜和图像分析等研究孔隙的直观方法外，获取孔喉特征和孔喉分布的主要手段。其基本原理是将非润湿相的水银注入到多孔介质的孔隙中去，由于非润湿相水银与固体所形成的接触角大于90%，这时毛细管力的作用将阻止水银进入孔隙介质内。

依据高压压汞实验结果，通过分析进汞饱和度差与毛细管半径的变化关系、喉道对渗透率贡献值的分布特征以及各孔喉特征参数之间的相关关系，可以从更深层次上了解致密砂岩储层的微观孔喉结构特征，找出孔喉的分布、变化规律。本节同样以姬塬油田黄 3 井区延长组长 8 储层为例进行分析。

1）孔隙结构变化特征分析

对研究区长 8 储层的 39 块样品进行了高压压汞分析，结果表明，研究区长 8 储层孔喉中值半径平均为 $0.076\mu m$，分选系数平均为 1.89，变异系数平均值为 14.00，中值压力平均值为 19.44MPa，排驱压力平均值为 1.83MPa，最大进汞饱和度平均值为 85.24%，退汞效率平均为 35.31%。

按照排驱压力和毛细管压力曲线平缓段的形态降长 6 储层样品分为三类，分别表述如下：

I 类：排驱压力平均为 0.75MPa；最大孔喉半径平均为 1.86μm；中值压力平均为 7.23MPa；中值半径平均为 0.13μm；最大进汞饱和度平均为 87.95%；退汞效率平均为 36.17%；平均孔喉半径均值为 0.45μm；分选系数平均为 2.32；相对分选系数平均为 1.89；孔喉半径分布主要集中在 0.02～0.65μm 范围内，渗透率平均为 0.22×10^{-3} μm²；面孔率大于 2.6%；孔隙组合类型多为粒间孔—溶孔；压汞曲线分类特征属于小孔细喉型（图 2－7）。孔喉半径与进汞量关系的峰值多呈双峰或者单峰状。其中，39 块样品中的 8 块属于这一类型。

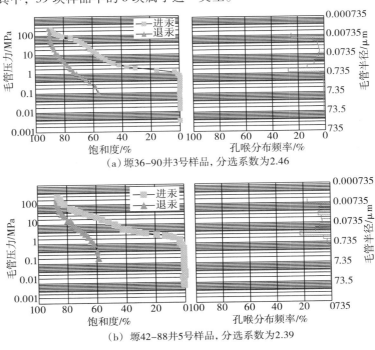

（a）塬36-90井3号样品，分选系数为2.46

（b）塬42-88井5号样品，分选系数为2.39

图 2－7 I 类样品压汞曲线

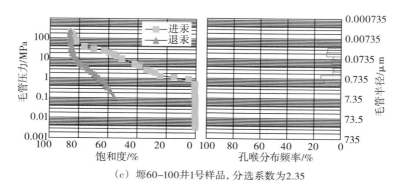

（c）塬60-100井1号样品，分选系数为2.35

图2-7　Ⅰ类样品压汞曲线（续）

Ⅱ类：排驱压力平均为1.43MPa；最大孔喉半径平均为0.88μm；中值压力平均为15.73MPa；中值半径平均为0.86μm；最大进汞饱和度平均为85.41%；退汞效率平均为35.62%；平均孔喉半径均值为0.33μm；分选系数平均为2.08；相对分选系数平均为1.85；孔喉分布主要集中在0.02~0.45μm范围内，渗透率平均为0.12×10^{-3}μm^2；面孔率在1.2%~2.6%之间；孔隙组合类型多为溶孔—粒间孔；压汞曲线分类特征属于细小细喉型（图2-8）。

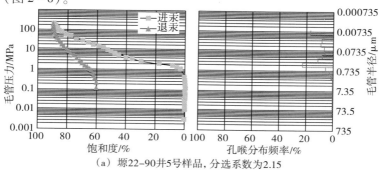

（a）塬22-90井5号样品，分选系数为2.15

图2-8　Ⅱ类样品压汞曲线

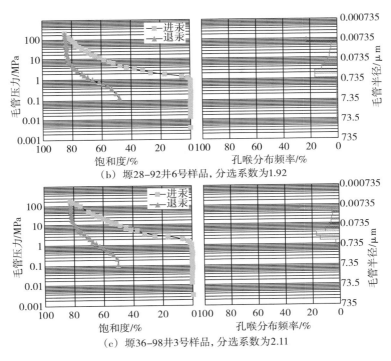

（b）塬28-92井6号样品，分选系数为1.92

（c）塬36-98井3号样品，分选系数为2.11

图 2 - 8　Ⅱ类样品压汞曲线（续）

　　Ⅲ类：排驱压力平均为 3.75MPa；最大孔喉半径平均为
0.45μm；中值压力平均为 47.86MPa；中值半径平均为 0.04μm；
最大进汞饱和度平均为 68.32%；退汞效率平均为 28.51%；平均
孔喉半径均值为 0.15μm；分选系数平均为 1.58；相对分选系数
平均为 1.27；孔喉分布主要集中在 0.02～0.26μm 范围内，渗透
率平均为 $0.05 \times 10^{-3} \mu m^2$；面孔率小于 1.2%；孔隙组合类型多为
微孔；压汞曲线分类特征属于微孔微喉型（图 2-9）。孔喉半径
与进汞量关系的峰值多呈单峰状。其中，39 块样品中的 16 块属
于这一类型。

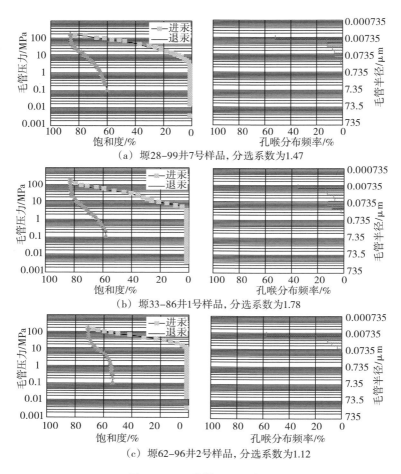

（a）塬28-99井7号样品，分选系数为1.47

（b）塬33-86井1号样品，分选系数为1.78

（c）塬62-96井2号样品，分选系数为1.12

图2-9　Ⅲ类样品压汞曲线

2）孔喉特征参数与物性相关性分析

微观孔隙结构特征决定了致密砂岩储层的特性，对储层的渗流能力影响很大，而储层物性又与储层的整体的特性密切相关。很有必要深入研究孔喉特征参数与储层物性之间的关系，并定量评价，为建立致密砂岩储层孔喉分类体系打下基础。以下是研究区长8储层孔喉特征参数与物性的关系表（表2-2）。

表2-2　姬塬油田黄3区长8储层孔喉特征参数与物性相关性

特征参数	最大值	最小值	与孔隙度相关性	与渗透率相关性
a	15.3139	11.3408	略呈负相关	略呈负相关
S_{kp}	0.6481	-0.3813	无	无
S_p	3.478	1.159	$y = 5.9862x - 4.0974$ $R^2 = 0.4406$	$y = 0.0006e^{2.4649x}$ $R^2 = 0.5791$
C	0.322	0.087	$y = 0.3198x^{1.1643}$ $R^2 = 0.4867$	$y = 0.0025e^{0.2287x}$ $R^2 = 0.6492$
p_{c50}/MPa	29.635	1.289	$y = 9.4835e - 0.018x$ $R^2 = 0.7015$	$y = 0.5643x^{-0.862}$ $R^2 = 0.7256$
r_{50}/ μm	0.569	0.025	$y = 17.782x - 0.3337$ $R^2 = 0.4474$	$y = 0.0237e^{13.382x}$ $R^2 = 0.5048$
p_T/ MPa	2.802	0.184	$y = 10.379x - 0.0429$ $R^2 = 0.0182$	$y = 0.321x - 0.8158$ $R^2 = 0.3732$
r_D/μm	3.999	0.262	$y = 3.2715\ln x + 9.4356$ $R^2 = 0.6971$	$y = 0.1444x - 1.2455$ $R^2 = 0.8031$
$S_{Hg\,max}$/ %	90.294	52.5	$y = 0.297x - 18.09$ $R^2 = 0.4458$	$y = 5E - 05e^{0.0833x}$ $R^2 = 0.2679$
W_e/ %	42.9	12.7	$y = 0.1651x + 1.3943$ $R^2 = 0.1022$	$y = 4e - 07x^{3.3805}$ $R^2 = 0.2813$
S_e/ %	37.149	8.400	$y = 6.5214\ln x - 18.882$ $R^2 = 0.0567$	$y = 0.0907\ln x - 0.278$ $R^2 = 0.0188$
V_{pt}	6.874	1.331	$y = 8.201x^{1.0468}$ $R^2 = 0.7862$	$y = 0.0991x^{1.9053}$ $R^2 = 0.5589$

（1）分选系数（S_p）与物性的相关性分析如图 2-10 所示，分选系数增大，孔隙度、渗透率都表现出增大的趋势，比较而言，渗透率与分选系数的相关性要比孔隙度与分选系数的相关性稍好一些。随着分选系数的增大，渗透率增加且数据点逐渐"变散"，说明相关性变差。当分选系数大于 1.8 时，渗透率的增加幅度明显，数据点开始"变散"。当分选系数介于 1.8～2.5 时，渗透率较大，此时，孔喉结构非均质性增强，大喉道增多，退汞主要由这些较大喉道来贡献，致使大量的汞滞留于连通性较差的细小孔喉中，退汞效率较低。同样，在水驱油时，将会有大量的剩余油被连通较差的孔喉所束缚，难以被驱替流出，水驱效果较差。

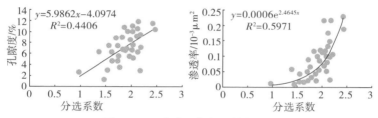

图 2-10　分选系数与物性相关性

（2）变异系数（C）越小，孔喉分布越均匀。变异系数与物性的相关性如图 2-11 所示。变异系数与孔隙度和渗透率都表现出正相关关系，与渗透率的相关性更好些，当变异系数大于 0.15 时，渗透率数据点开始变"散"，渗透率明显增大，大喉道增多，非均质性增强，当变异系数介于 0.15～0.19 时，渗透率较大。

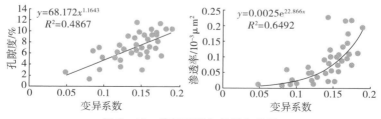

图 2-11　变异系数与物性相关性

（3）中值压力（p_{c50}）值越小，中值半径（r_{50}）值越大（大喉道增多），表明储集层的孔渗性越好，产油能力越高；反之，p_{c50} 值越大，r_{50} 值越小（小喉道增多），则表明储集层的孔渗性越差，产油能力越低。黄 3 区中值压力与物性呈负相关关系，且与渗透率相关性好于与孔隙度的相关性，当渗透率约为 $0.05 \times 10^{-3} \mu m^2$ 时，曲线出现拐点，小于该值时中值压力增加幅度变大（图 2 - 12）。

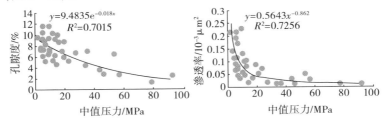

图 2 - 12　中值压力与物性相关性

（4）中值半径越大，储层孔隙结构越好。中值半径与物性呈正相关，即中值半径随着储层物性的变好而增大，且与渗透率的相关性更好些。当中值半径大于 $0.06 \mu m$ 时，大喉道增多，样品渗透率明显增大（图 2 - 13）。

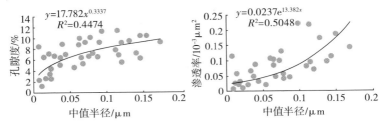

图 2 - 13　中值半径与物性相关性

（5）一般来说，孔隙度高、渗透率好的岩样，其排驱压力就低，孔喉半径相对较大，对应的孔喉半径为最大连通孔喉半径。对于砂岩来说，碎屑颗粒越均匀，胶结物充填越少，连通孔喉越粗，排驱压力越低，黄 3 区长 8 储层排驱压力（P_T）与物性呈乘幂负相关，且与渗透率的相关性要好些，当渗透率小于 $0.05 \times 10^{-3} \mu m^2$ 时，排驱压力增加明显，说明喉道变得细小，汞已很难注入（图 2 - 14）。

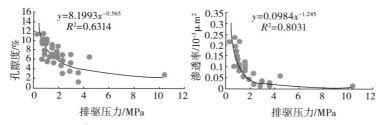

图 2 - 14   排驱压力与物性相关性

（6）最大孔喉半径（r_D）与物性呈正相关，与渗透率的相关性更好些（图 2 - 15），这也说明了致密砂岩储层的渗透性主要由较大喉道来提供。当渗透率小于 $0.05 \times 10^{-3} \mu m^2$ 时，最大孔喉半径主要集中在小于 $0.5 \mu m$ 的范围内，当渗透率大于 $0.05 \times 10^{-3} \mu m^2$ 时，数据点"变散"，最大孔喉半径变化复杂，大小差异较大，这表现出致密砂岩储层孔隙结构复杂的特点。

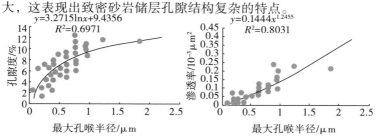

图 2 - 15   最大孔喉半径与物性相关性

（7）最大进汞饱和度（$S_{Hg\,max}$）与孔隙度和渗透率都呈正相关，且与孔隙度的相关性略好。储层岩石的孔隙空间由孔隙和喉道两部分组成。相对于孔隙而言，喉道所占的体积很小，储层岩石总孔隙空间中主要还是孔隙体积，其大小反映储层的储集性能。这也是最大进汞饱和度与孔隙度的相关性好于渗透率的原因（图 2 – 16）。

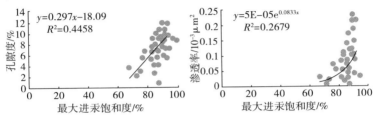

图 2 – 16　最大进汞饱和度与物性相关性

（8）退汞效率（W_e）是指在限定压力范围内，从最大注入压力降到最小压力时，从岩样中退出的汞体积占降压前注入汞总体积的百分数，即为退出效率，它反映了非润湿相毛细管效应采收率。黄 3 区长 8 储层退汞效率与物性呈正相关，但相关性差，与孔隙度的相关性要好于与渗透率的相关性（图 2 – 17），这说明致密砂岩储层影响退汞效率的因素较为复杂。

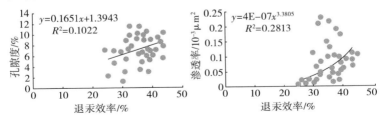

图 2 – 17　退汞效率与物性相关性

（9）致密砂岩储层压汞退出曲线反映的是喉道体积，退汞饱和度（S_e）可近似地认为是喉道体积所占的百分数，对于致密砂岩储层开发阶段，我们更关注的是其喉道的分布和变化特征，因为这直接关系到储量的可动用程度。黄 3 区长 8 储层退汞饱和度与物性呈指数正相关，与孔隙度的相关性明显好于与渗透率的相关性（图 2 - 18）。

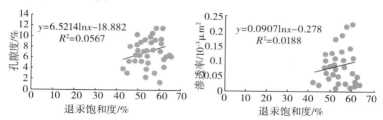

图 2 - 18　退汞饱和度与物性相关性

（10）研究区长 8 储层孔喉体积比（V_{pt}）与物性呈乘幂正相关，且与孔隙度的相关性更好些（图 2 - 19）。这是因为当物性较差时，喉道细小，孔喉体积小；随着孔隙度和渗透率的增大，大喉道增多，其所占的体积也相应增大，孔喉体积增加。

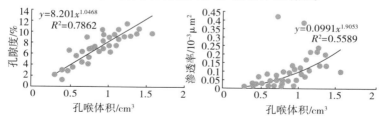

图 2 - 19　孔喉体积比与物性相关性

从上述分析来看，渗透率与分选系数、变异系数、中值压力、中值半径、排驱压力、最大孔喉半径之间的相互影响较大，孔隙度与这些参数之间的影响不明显，这是因为分选系数和变异系数的变化影响了储层的非均质性，从而影响渗透率；随着渗透率的增大或减小，喉道半径也随之变化，这就影响了中值压力、中值半径、排驱压力、最大孔喉半径。相对而言，孔隙度与最大进汞饱和度、退汞效率、退汞饱和度和孔喉体积比的相互影响较明显，孔隙度表征储层的储集能力，为孔隙体积占岩石总体积的百分数；进汞时，进汞曲线是孔隙和喉道信息的综合反映，退汞曲线则反映的是喉道信息，而这些参数都是孔隙或喉道体积百分数的体现。可见，对于致密砂岩储层孔喉结构影响因素复杂多变，单凭一个或几个参数很难进行表征。

3）孔喉特征参数之间的相关性分析

根据毛管压力曲线进汞和退汞过程的不同表征，分选系数反映注入曲线的特征，而退汞效率反映的是退汞曲线特征。那么，这两个参数就能够较完整地表征储层微观孔喉结构变化特征，对油田注水开发来讲，反映的就是注水和采出过程，下面着重分析这两个参数与各参数之间的变化关系。

研究区长 8 储层孔喉特征参数之间的关系见表 2－3，分析发现，中值压力、排驱压力与孔喉特征参数之间的相关性最好，而变异系数、中值半径与孔喉特征参数之间表现出了一定的相关性，与其他参数的相关性不明显。

表 2－3　姬塬油田黄 3 区长 8 储层孔喉特征参数之间相关关系

特征参数	最大值	最小值	与分选系数相关性	与退汞效率相关性
C	18.8121	4.9399	$y = 0.4292x^{0.5641}$ $R^2 = 0.8719$	不明显
$P_{c50}/$ MPa	90.7912	2.5792	$y = 2.1029e^{-0.006x}$ $R^2 = 0.598$	不明显

续表

特征参数	最大值	最小值	与分选系数相关性	与退汞效率相关性
$r_{50}/$ μm	0.2850	0.0064	不明显	不明显
$P_T/$ MPa	4.4011	0.4030	$y = 2.2785e^{-0.113x}$ $R^2 = 0.7151$	不明显
$r_D/$ μm	209.4977	208.6785	不明显	不明显
$S_{Hg\,max}/$ %	92.49	66.70	$y = 0.6043e^{0.0132x}$ $R^2 = 0.2054$	不明显

从图 2 - 20 分析来看，分选系数与变异系数呈乘幂正相关，随着孔喉分选变差，其微观非均质性增强，变异系数增大；分选系数与中值压力呈指数负相关，分选系数越大，大喉道增多，进汞时中值压力自然减小。

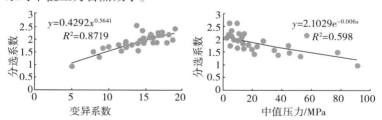

图 2 - 20　分选系数与变异系数和中值压力之间相关关系

图 2 - 21 是分选系数与排驱压力和最大孔喉半径之间相关性，从图中来看，分选系数与排驱压力呈乘幂负相关，与最大孔喉半径呈乘幂负相关（但相关性较差），随着分选系数增大，大喉道数目增多，喉道半径也随之增大，排驱压力减小。

如图 2 - 22 所示，分选系数、退汞效率与最大进汞饱和度之间均呈指数正相关，分选系数增大，虽然孔喉分选变差，但大喉道增多，孔隙之间的连通性改善，有利于汞的注入。退汞效率是退汞饱和度与最大进汞饱和度的比值，退汞效率越高，孔喉连通性越好，退汞、进汞时也就更容易，最大进汞饱和度就越大。

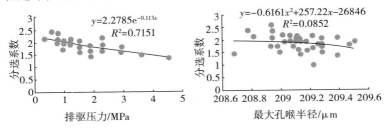

图 2－21　分选系数与排驱压力和最大孔喉半径之间相关关系

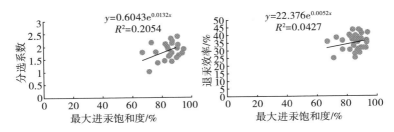

图 2－22　分选系数、退汞效率与最大进汞饱和度之间相关关系

4）致密砂岩储层孔隙结构综合评价

通过对姬塬油田黄 3 区长 8 储层的孔隙结构变化特征分析、孔喉特征参数与物性相关性及孔喉特征参数之间的相关性进行分析，表明孔喉特征参数中的分选系数、退汞效率与物性相关性最好。从以上相关图中可以看出，微观孔喉特征参数分类特征明显，再结合宏观物性，可以将储层分为 3 类，据此建立了适合致密砂岩储层的分类评价标准（表 2－4）。

表 2 - 4   姬塬油田黄 3 区长 8 储层分类标准

参　数		储层类型		
		Ⅰ类	Ⅱ类	Ⅲ类
物性	孔隙度/%	>8	4~8	<4
	渗透率/$10^{-3}\mu m^2$	>0.2	0.1~0.2	<0.1
孔隙类型	面孔率/%	>2.6	1.2~2.6	<1.2
	平均孔径/μm	>0.45	0.23~0.45	<0.23
	孔隙组合类型	粒间孔—溶孔	溶孔—粒间孔	微孔
孔隙结构特征	压汞曲线分类特征	小孔细喉型	细小细喉型	微孔微喉型
	分选系数	>2.10	1.50~1.2.10	<1.50
	最大孔喉半径/μm	>1.57	0.65~1.57	<0.65
	退汞效率/%	>35	30~35	<30
	孔喉半径与进汞量关系峰值	双峰或多峰	单峰	单峰
	储层综合评价	好	中等	差

　　Ⅰ类储层为较好储层，孔隙度一般大于8%，渗透率一般大于$0.2 \times 10^{-3}\mu m^2$，平均孔径一般大于$0.45\mu m$，孔隙类型以粒间孔—溶孔为主，为小孔细喉型，分选系数一般大于2.10，最大孔喉半径大于$1.57\mu m$，退汞效率大于35%，孔喉半径与进汞量关系一般呈双峰或多峰态。

　　Ⅱ类储层为一般储层，孔隙度在4%~8%之间，渗透率为$(0.1~0.2) \times 10^{-3}\mu m^2$，平均孔径为$0.23~0.45\mu m$，孔隙类型以溶孔—粒间孔为主，为细小孔细喉型，分选系数在1.50~2.10之间，最大孔喉半径在$0.62~1.57\mu m$之间，退汞效率在30%~35%之间，孔喉半径与进汞量关系一般呈单峰态。

　　Ⅲ类储层为较差储层，孔隙度一般小于4%，渗透率小于$0.1 \times 10^{-3}\mu m^2$，平均孔径小于$0.23\mu m$，孔隙类型以微孔为主，选系数小于 1.50，最大孔喉半径小于 $0.62\mu m$，退汞效率小于 30%，为微孔微喉型，孔喉半径与进汞量关系呈单峰态。

2.2.2 纳米级 CT 扫描技术研究致密砂岩储层的微观孔喉特征

CT 扫描分析原理是在真空管中被加热的灯丝发出电子，电子被加速后飞向阳极并进入一个磁透镜，将电子束聚焦到靶的一点，电子在钨靶上被突然减速，就产生了 X 射线。焦点就代表着一个非常小的 X 射线源，它能使图像具有最清晰的微米级或纳米级分辨率。CT 扫描可对同一样品进行微米或纳米 CT 的多尺度扫描成像，获得岩心二维灰度图像，通过岩石内部各成像单元的密度差异以不同灰度等级将岩石颗粒、孔隙、石油及水等判别出来，并将二维切片图像重建便得到最终的三维数字岩心体，可以将岩石内部的微观孔隙特征等可视化地、真实地反映出来。采用微米或纳米 CT 扫描技术可以分析石油在微观孔隙中的赋存状态。

纳米 CT 扫描技术是目前国内外石油天然气储层研究最先进的技术之一，具有分辨率高、无损伤岩石扫描成像的特点。能够在岩心无损状态下对储层内部微纳米级孔隙喉道发育特征、孔喉大小及连通性、原油赋存状态等进行分析，最大分辨率可达 100nm。目前通过 CT 扫描可获得储层微纳米级孔隙三维立体结构、喉道三维立体结构、孔隙喉道配置关系和原油赋存状态等信息。

依据纳米级 CT 扫描实验结果，通过分析致密砂岩储层内部微纳米级孔隙喉道发育特征、孔喉大小及连通性、原油赋存状态等方面，从更深层次上了解致密砂岩储层的微观孔喉结构特征。通过上节建立的致密砂岩储层分类标准，本节分别选用姬塬油田黄 3 井区长 8 储层的 I 类、II 类、III 类岩心样本进行实验。

1）测试原理

微纳米 CT 是利用锥束 X 射线穿透物体，由岩心旋转 360°所得到的大量 X 射线衰减图像重构出三维的立体模型。微纳米 CT 具有以下优点：①不破坏样本的条件下，能够通过大量的图像数据对很小的特征面进行全面展示。②CT 图像反映的是 X 射线在穿透物体过程中能量衰减的信息，岩心内部的孔隙结构与相对密度大小是由三维 CT 图像的灰度成正相关。

典型的 X 射线 CT 布局系统如图 2 - 23 所示，X 射线源和探测器分别置于转台两侧，X 射线穿透放置在转台上的样本后被探测器接收，样本可进行横向、纵向平移和垂直升降运动，以改变扫描分辨率。当岩心样本纵向移动时，距离 X 射线源越近，放大倍数越大，岩心样本内部细节被放大，三维图像更加清晰，但同时可探测的区域会相应减小；相反，样本距离探测器越近，放大倍数越小，图像分辨率越低，但是可探测区域增大。样本的横向平动和垂直升降用于改变扫描区域，但不改变图像分辨率。放置岩心样本的转台本身是可以旋转的，在进行 CT 扫描时，转台带动样本转动，每转动一个微小的角度后，由 X 射线照射样本获得投影图。将旋转 360°后所获得的一系列投影图进行图像重构后得到岩心样本的三维图像。

2）测试仪器

英华检测公司所使用的纳米 CT 测试仪器为美国通用电气公司生产的 nanotom M180 型纳米 CT 扫描仪，仪器照片如图 2 - 24 所示。仪器的基本参数见表 2 - 5。

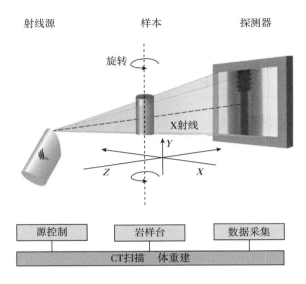

图 2 – 23　X 射线 CT 扫描成像布局图

图 2 – 24　GE nanotom M180 纳米级 CT 扫描仪

表 2 - 5　纳米级 CT 扫描检测参数表

检测参数	电压/kV	电压/μA	分辨率/μm	扫描时间/min	重建时间/min	分析测量时间/min
	100	110	0.5	90	10	120

3）实验步骤和方法

（1）样品选取。

将 39 块岩心抽提、烘干、测量岩心的空气渗透率。然后，将岩心抽空，饱和实验流体，测定其孔隙度。从中选取 3 块不同渗透率级别的样品进行实验。

（2）样品扫描。

用直径 1mm 钻头钻取岩心，去钻好的岩心放入 nanotom M180 纳米 CT 设备中，调节设备参数进行扫描。

（3）数据重建。

将扫描完毕的数据导入数据处理工作站中，去除伪影，射束硬化，重建出数字三维模型。

（4）数据处理。

使用专业的数据处理软件，VOLUME GRAPHICS STUDIO MAX 和 FEI AVIZO 对重建好的三维模型对数据进行处理，统计孔隙，吼道，模拟渗透率等分析。

4）实验结果

（1）2 号样品（I 类）。

对 2 号样品进行了岩心全视域扫描，可清晰、直观的看到岩心孔隙分布的三维立体图，继续对样品进行分析，得到了孔喉结构球棍模型、喉道三维立体结构模型和孔隙三维立体结构模型，结果如下。

如图 2 - 25（a）所示，2 号样品存在较多的粒间孔及溶蚀孔隙（红色—蓝色色标代表孔隙体积大小，红色代表相对大孔隙，蓝色代表相对小孔隙）；如图 2 - 25（b）～图 2 - 25（d）所示，样品内部大孔隙较多，小孔隙较少，孔隙喉道较为发育，孔喉连通性较好。孔隙半径；

（a）岩心孔隙分布顶视图

（b）岩心孔隙分布立体图

（c）岩心截取部分孔喉结构球棍模型

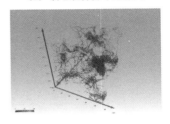

（d）岩心截取部分喉道三维立体结构模型

（e）岩心截取部分孔隙三维立体结构模型

图 2 - 25　岩心全视域扫描孔喉分布三维立体结构图

孔隙度 10.59%，空气渗透率 0.39 × 10^{-3} μm^2。

平均孔隙半径 6.8μm，其主要孔隙半径分布在 1～10μm，占 60% 左右；其中 5～10μm 孔隙最为发育，占总孔隙的 34%（图 2 - 26）。

平均喉道半径 1.2μm，其主要喉道半径分布在 1～5μm，占 44% 左右；小于 5μm 的喉道占总喉道的 80%（图 2－27）。

最大孔喉配位数 3.8，孔喉连通性好。此岩石样品孔隙、喉道较发育，孔喉连通性好，为较好储层。

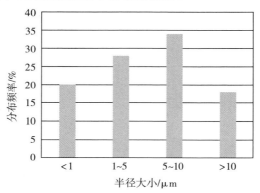

图 2－26　孔隙半径分布直方图

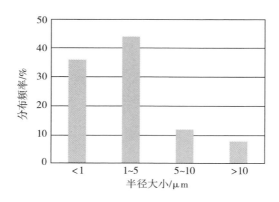

图 2－27　岩心截取部分喉道半径分布直方图

（2）13 号样品（Ⅱ类）。

对 13 号样品进行了岩心全视域扫描，可清晰、直观地看到岩心孔隙分布的三维立体图，继续对样品进行分析，得到了孔喉结构球棍模型、喉道三维立体结构模型和孔隙三维立体结构模型，结果如下。

如图 2 - 28（a）所示，13 号样品存在较多的溶蚀孔隙；如图 2 - 28（b）～图 2 - 28（d）所示，样品孔隙、喉道发育较好，主要以中细孔喉为主，孔喉连通性较好，虽然喉道细小，但喉道数量较多，为一般储层。

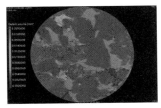

（a）岩心孔隙分布顶视图

（b）岩心孔隙分布立体图

（c）岩心截取部分孔喉结构球棍模型

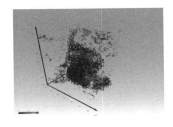

（d）岩心截取部分喉道三维立体结构模型

（e）岩心截取部分孔喉结构模型

图 2 - 28　岩心全视域扫描孔喉分布三维立体结构图

孔隙度 8.51%，空气渗透率 0.1489 × 10^{-3} μm^2。

平均孔隙半径 2.6μm，其主要孔隙半径分布在 <5μm，占
61% 左右，其中 1 ~ 5μm 孔隙最为发育，占总孔隙的 35%
（图 2 - 29）。

平均喉道半径 0.65μm，其主要喉道半径分布在 <5μm，占 80%
左右，其中 <1μm 喉道最为发育，占总孔隙的 41%（图 2 - 30）。

孔喉配位数 2.4，孔喉连通性较好。

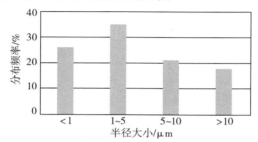

图 2 - 29　岩心截取部分孔隙半径分布直方图

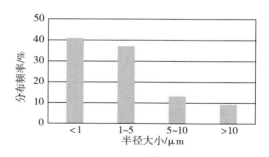

图 2 - 30　岩心截取部分喉道半径分布直方图

（3）8 号样品（Ⅲ类）。

对 8 号样品进行了岩心全视域扫描，可清晰、直观地看到岩
心孔隙分布的三维立体图，继续对样品进行分析，得到了孔喉结

构球棍模型、喉道三维立体结构模型和孔隙三维立体结构模型，结果如下。

如图 2 – 31（a）所示，8 号样品主要以微孔为主，存在部分粒间孔及溶蚀孔隙；如图 2 – 31（b）～图 2 – 31（d）所示，样品孔隙较小，喉道发育细小，孔喉连通性较差，致使岩石样品物性较差，为较差储层。

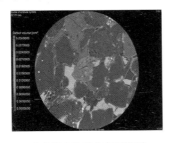
（a）岩心孔隙分布顶视图

（b）岩心孔隙分布立体图

（c）岩心截取部分孔喉结构球棍模型

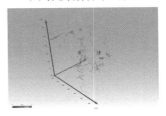
（d）岩心截取部分喉道三维立体结构模型

（e）岩心截取部分孔隙三维立体结构模型

图 2 – 31　岩心全视域扫描孔喉分布三维立体结构图

孔隙度 6.31%，空气渗透率 0.0055$\mu m^2 \times 10^{-3}$。

平均孔隙半径 1.2μm，其主要孔隙半径分布在 <1μm，占 45% 左右（图 2 – 32）。

平均喉道半径 0.29μm，其主要喉道半径分布在 <1μm，占 52% 左右（图 2 – 33）。

孔喉配位数 0.7，孔喉连通性较差。

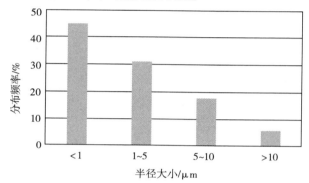

图 2 – 32　岩心截取部分孔隙半径分布直方图

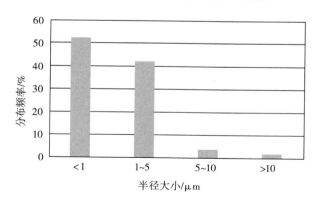

图 2 – 33　岩心截取部分喉道半径分布直方图

5）实验结果分析

依据 3 块不同渗透率级别岩样的纳米级 CT 扫描实验结果分析，得出以下结论：

（1）孔、渗较好的样品储集空间主要以粒间孔为主，存在部分溶蚀孔隙。样品孔隙、喉道较发育，孔喉连通性好，为较好储层。

（2）孔、渗一般的样品储集空间主要以溶蚀孔隙为主。样品孔隙、喉道发育较好，孔喉连通性较好，虽然喉道细小，但喉道数量较多，为一般储层。

（3）孔、渗较差的样品储集空间主要以微孔为主。样品孔隙较小，喉道发育细小，孔喉连通性较差，为较差储层。

2.3 致密砂岩储层的可动流体变化特征

致密砂岩储层的束缚流体存在于极微小的孔隙和较大孔隙的壁面附近，孔隙空间的这一部分流体受岩石骨架的作用力较大，为毛管力所束缚而难以流动，而在较大孔隙中间赋存的流体受岩石骨架的作用力相对较小，这一部分流体在一定的外加驱动力作用下流动性较好，称为可动流体。受沉积、成岩作用的影响，低渗储层孔喉结构复杂，流体赋存状态也不同于中高渗储层，储层微细孔隙所占比例较大，表面作用增强，展布在孔隙壁面上的束缚流体含量大，而可动流体参数能反映整个孔隙空间内可流动流体量及孔隙表面和流体间相互作用，特别是固体表面对流体的束缚作用，它也是孔隙结构对流体渗流阻力大小的体现方式之一。

2.3.1 核磁共振可动流体实验原理概述

储层岩石孔隙大小与氢核弛豫率成反比关系是利用核磁共振 T_2 谱研究岩石孔隙结构的理论基础。流体在岩样中的分布存在一个弛豫时间界限，大于这个界限，流体处于自由状态，即为可动流体；小于这个界限，孔隙中的流体被毛细管力或粘滞力所束缚，处于束缚状态，为束缚流体。不同储层其弛豫时间界限（可动流体 T_2 截止值）不同。当流体饱和到岩样孔隙后，流体分子会受到孔隙固体表面的作用力，作用力的大小取决于孔隙（孔隙大小、孔隙形态）、岩石矿物（矿物成分、矿物表面性质）和流体（流体类型、流体黏度）等，对饱和流体的岩样进行核磁共振谱测量时，得到的 T_2 弛豫时间大小取决于流体分子受到孔隙表面作用力的强弱，T_2 弛豫时间大小是孔隙、岩石矿物和流体等的综合反映。因此，可动流体饱和度是一个独立于孔隙度、渗透率的参数，反映的是整个孔隙空间内可流动流体量所占比例，直接决定了有可能采出的原油量，因此是储层评价的一个重要参数。从油层物理的角度讲，可动流体百分数是指充有原油的孔隙中大于截止孔径的孔隙体积占总原油孔隙体积百分数；可动流体孔隙度是指孔径大于截止孔径的孔隙体积占岩样总体积的百分数，即单位体积岩样的可动流体体积。可动流体的这两个参数综合了储层储集能力与流体赋存特征两方面的信息，更能确切地反映致密砂岩砂岩储层特征。

2.3.2　确定最佳离心力

在确定最佳离心力之前，主要测试参数经多次调试确定为：等待时间 4s、回波间隔 0.28ms，回波个数 6000，扫描次数 64，接受增益 100%。

选取 6 块岩心进行油驱水离心实验，离心力分别为 20psi、40psi、80psi、160psi、200psi（1pis = 6.89kPa），比较不同离心力离心后岩心 T_2 谱，确定最佳离心力大小。

油驱水离心实验目的是为了建立岩心饱和油束缚水状态，为此，首先要确定建立岩心饱和油束缚水状态的最佳离心力。本项实验选取了 6 块有代表性的岩心进行了最佳离心力标定实验，分别进行了 20psi、40psi、80psi、160psi、200psi 五个不同离心力下的离心实验，每个离心力离心后都进行了核磁共振测量，获得每个状态下的核磁共振 T_2 谱，如图 2 – 34 所示。

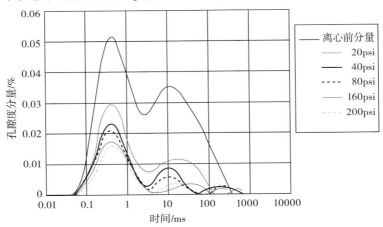

图 2 – 34　1 号岩心不同离心力下 T_2 谱分布图

根据 T_2 谱可以得到不同离心力下岩样内剩余含水饱和度的变化。以离心力从 20psi 增大至 160psi、从 160psi 增大至 200psi 为例，6 块岩心不同离心力离心后，岩心含水饱和度变化数据见表 2 – 6，施加 20 ~ 160psi 离心力后，含水饱和度平均减少量为 17.36%，变化较大，所以 160psi 不是最佳离心力，而施加 160 ~ 200psi 离心力后，含水饱和度平均减少量仅为 6.35%，变化已经很小，可以认为 200psi 是油驱水离心最佳离心力，200psi 油驱水离心后岩心状态为饱和油束缚水状态。建议以后在进行油驱水离心实验时，采用 200psi 的离心力建立岩心的饱和油状态。

通过同样的方法，可以确定水驱油离心实验的最佳离心力为
200psi，200psi 水驱油离心后岩心状态为水驱最终状态。建议以
后在进行水驱油离心实验时，采用200psi 的离心力建立岩心的水
驱最终状态。

表 2 - 6　6 块岩心含水饱和度变化统计

样品数	施加 20 ~ 160psi 离心力		施加 160 ~ 200psi 离心力	
	含水饱和度减少量/%	平均减少量/%	含水饱和度减少量/%	平均减少量/%
6	9.13 ~ 32.56	17.36	3.22 ~ 10.78	6.35

2.3.3　实验结果分析

16 块样品中部分样品在饱和水状态下核磁共振 T_2 谱频率分布
和累计分布如图 2 - 35 所示，鄂尔多斯盆地延长组致密砂岩储层
的核磁共振 T_2 谱普遍具有双峰特征，将虚线左峰所包围的面积占
总面积的百分数称为不可动流体百分数，将右峰所包围面积占总
面积的百分数称为可动流体百分数，而可动流体孔隙度则是孔隙
度与可动流体百分数的乘积，该值直接给出了单位体积样品内的
可动流体量。统计表明，16 块样品的可动流体百分数主要分布于
29.91% ~ 79.97% 之间，平均为 56.78%；可动流体孔隙度主要
分布于 0.83% ~ 8.65% 之间，平均为 3.92%。样品参数与实验结
果见表 2 - 7，从结果来看致密砂岩储层可动流体百分数和可动流
体孔隙度的变化较为复杂，储层物性较好的话并不能代表拥有高
的可动流体百分数和可动流体孔隙度。

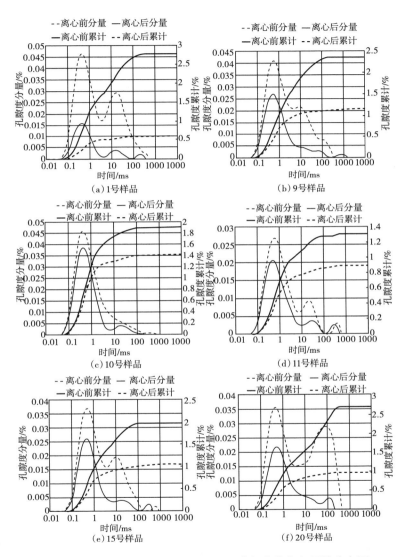

图 2 - 35　饱和水状态下核磁共振 T_2 谱频率分布和累计分布图

（部分样品）

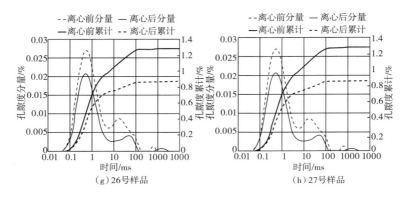

图 2 - 35　饱和水状态下核磁共振 T_2 谱频率分布和累计分布图

（部分样品）（续）

表 2 - 7　样品参数与核滋共振实脸结果

样品号	层位	孔隙度/%	渗透率/$10^{-3}\mu m^2$	可动流体百分数/%	可动流体孔隙度/%
1		8.50	0.02	29.91	0.83
3		10.8	0.23	58.00	1.37
4		6.4	0.11	77.15	3.47
5		8	0.09	76.79	8.65
8		9.29	0.15	63.35	5.31
9	长8	6.69	0.02	43.85	2.89
13		6.95	0.01	79.97	2.02
15		6.52	0.06	39.11	2.75
17		8.5	0.12	35.68	1.26
18		7.04	0.01	53.97	2.37
19		5.65	0.06	63.85	4.47
25		7.16	0.25	61.93	3.78
28		9.08	0.17	58.79	5.62

样品号	层位	孔隙度/%	渗透率/$10^{-3}\mu m^2$	可动流体百分数/%	可动流体孔隙度/%
29		5	0.24	70.62	3.79
30	长 8	6.49	0.15	73.65	4.86
33		6.68	0.05	64.78	4.06

图 2 – 35 为部分岩心样品饱和模拟地层水状态下的核磁共振 T_2 谱，T_2 弛豫时间的大小反映流体受岩心样品孔隙固体表面作用力的大小，反映流体的赋存状态，T_2 谱纵坐标代表流体量。通过对 16 块岩心样品的实验结果整理，对研究区长 8 储层的实验结果进行了分析（图 2 – 36、图 2 – 37），得出以下结论。

（1）姬塬油田延长组长 8 致密砂岩储层岩心样品在饱和模拟地层水状态下的核磁共振 T_2 谱基本呈双峰态特征，个别呈多峰态特征。

（2）长 8 储层可动流体百分数与孔隙度相关性极差（图 2 – 36、图 2 – 37），但与渗透率具有一定的正相关关系，相关性不好（$R^2 = 0.592$）。随着渗透率的增大，可动流体百分数增加，当渗透率大于某一值时，增加幅度变小。整体数据点较为分散，这说明可动流体百分数并不完全受渗透率控制，部分渗透率较低的岩心可动流体百分数反而较高。

可动流体孔隙度与孔、渗都表现出了较好的相关关系，与渗透率的相关性更好。可动流体孔隙度与渗透率呈对数正相关关系，随着渗透率的增大，可动流体孔隙度表现出了增大趋势。当渗透率较小时，可动流体孔隙度增加幅度较大，当渗透率约大于 $0.1 \times 10^{-3}\mu m^2$ 时，可动流体孔隙度增加幅度减小。

2.3.4　可动流体百分数的影响因素分析

研究表明，储层物性、孔隙发育和连通程度、黏土矿物存在

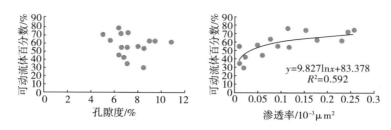

图 2 - 36　长 8 储层物性与可动流体百分数的相关关系

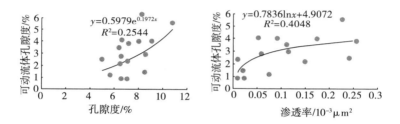

图 2 - 37　长 8 储层物性与可动流体孔隙度的相关关系

形式及其充填孔喉程度等微观孔隙结构特征是影响致密砂岩储层
可动流体含量的主要因素。

1）储层物性

从图 2 - 38 中可看出，孔隙度、渗透率和可动流体百分数之
间并没有较好的相关性，表现均不明显。相对而言，渗透率与可
动流体百分数的相关性略好于孔隙度。

2）孔隙（尤其是次生孔隙）发育和连通程度

孔隙是否发育、连通性是否好对可动流体百分数的影响非常
大。致密砂岩储层较好的孔隙类型是粒间孔（储集空间较大）。
一般情况下，孔隙连通性好，则可动流体含量高。次生孔隙的发
育对可动流体含量的影响也非常大，它可提供更多的渗流通道，
改善储层渗流能力。

从电镜扫描图像可看出，次生孔隙的发育程度对可动流体百分数影响较大，如塬 33 – 92 井 3 号样品、塬 48 – 93 井 5 号样品、塬 40 – 91 井 2 号样品，孔隙度依次为 8.96%、9.79%、6.12%，渗透率依次为 0.27 × 10^{-3} μm^2、0.20 × 10^{-3} μm^2、0.07 × 10^{-3} μm^2，可动流体百分数依次为 76.53%、73.86%、50.42%。塬 33 – 92、塬 48 – 93 井的次生孔隙较为发育，连通性好，则可动流体百分数较高，塬 40 – 91 井的孔隙不发育，连通性差，则可动流体百分数低（图 2 – 38）。

3）黏土矿物

研究区致密砂岩储层黏土矿物含量较高，其中以高岭石、绿泥石、伊利石较为普遍。若样品的自生矿物中见有沸石类矿物、胶结物、伊利石、粒表似蜂巢状伊或蒙混层矿物等，并遭受溶蚀，会使一部分流体变成束缚流体，则这种样品孔隙不发育，孔隙度小、渗透率低、连通性差，可动流体含量低。例如塬 36 – 96 井 2 号样品孔隙度为 9.32%、渗透率为 0.08 × 10^{-3} μm^2［图 2 – 39（a）］，由于粒间充填嵌晶状方解石胶结物，可动流体百分数仅为 46.35%。塬 52 – 88 井 5 号样品孔隙度为 6.52%、渗透率为 0.11 × 10^{-3} μm^2［图 2 – 39（b）］，由于存在长石碎屑的淋滤溶蚀现象，可动流体百分数为 40.31%。塬 62 – 86 井 6 号样品孔隙度为 7.39%、渗透率为 0.13 × 10^{-3} μm^2［图 2 – 39（c）］，由于基质中的微米级溶孔存在使得渗流能力变差，可动流体百分数为 43.58%。塬 64 – 82 井 1 号样品孔隙度为 7.95%、渗透率为 0.06 × 10^{-3} μm^2［图 2 – 39（d）］，由于存在长石粒内溶孔与粒表弯曲片状伊利石，可动流体百分数也仅为 37.61%。从以上可看出，黏土矿物对可动流体的百分含量影响很大。

(a) 孔隙较为发育，连通性好
（塬33-92井3号样，长8，2633~2635m）

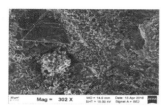

(b) 孔隙较为发育，连通性好
（塬48-93井5号样，长8，2661~2662m）

(c) 孔隙不发育，连通性差
（塬40-91井2号样，长8，2657~2659m）

图2－38　场发射扫描电镜

2.4　小结

（1）研究区主要碎屑组分是石英、长石、岩屑和填隙物，其中石英、长石所占比例较高，其次为岩屑和填隙物。

（2）研究区储层物性较差。孔隙度最小值 1.35%，最大值 11.54%，平均 7.22%，主要孔隙度分布范围在 5%～11%；渗透

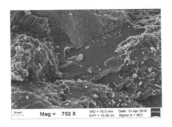

(a) 粒间充填嵌晶状方解石胶结物

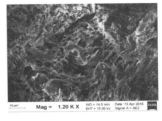

(b) 长石碎屑的淋滤溶蚀现象

(c) 基质中的微米级溶孔

(d) 长石粒内溶孔与粒表弯曲片状伊利石

图 2 - 39　场发射扫描电镜

率最小值 $0.01 \times 10^{-3} \mu m^2$，最大值 $0.25 \times 10^{-3} \mu m^2$，平均 $0.15 \times 10^{-3} \mu m^2$。

（3）研究区储层孔隙类型主要为长石溶孔、粒间孔、晶间孔和岩屑溶孔（微孔）。长石溶孔、粒间孔构成了主要的储集空间类型。

（4）研究区储层可分为 3 类：Ⅰ类储层，孔隙类型以粒间孔—溶孔为主，为小孔细喉型。孔喉半径与进汞量关系一般呈双峰或多峰态，分选系数一般大于 2.10，渗透率一般大于 $0.2 \times 10^{-3} \mu m^2$，孔隙度一般大于 8%，平均孔径一般大于 $0.45 \mu m$；Ⅱ类储层，孔隙类型以溶孔 – 粒间孔为主，为细小孔细喉型，孔喉半径与进汞量关系一般呈单峰态，渗透率为 $(0.1 \sim 0.2) \times 10^{-3} \mu m^2$，孔隙度为 4% ~ 8% 平均孔径为 $0.23 \sim 0.45 \mu m$；Ⅲ类储层，孔隙类型以微孔为主，为微孔微喉型，孔喉半径与进汞量关系呈单峰态，渗透率小于 $0.1 \times 10^{-3} \mu m^2$，孔隙度一般小于 4%，平均孔径一般小于 $0.23 \mu m$。

（5）研究区长 8 储层的喉道主要有如下 5 种类型：孔隙缩小型喉道、缩颈型喉道、片状喉道、弯片状喉道、管束状喉道。

（6）致密砂岩储层孔喉特征参数与物性的相关性整体较差。其中，分选系数、变异系数、中值压力、中值半径、排驱压力、最大孔喉半径对渗透率影响较大，而最大进汞饱和度、退汞效率、退汞饱和度和孔喉体积比对孔隙度的影响则更明显。分选系数、变异系数数据点均随着渗透率的增大而"变散"，当分选系数介于 1.8～2.5 之间，变异系数介于 0.15～0.19 之间时，样品渗透率较大；中值压力与物性呈负相关，渗透率约为 $0.05 \times 10^{-3} \mu m^2$ 时，曲线出现拐点；最大孔喉半径大于 $1\mu m$ 时，样品渗透率明显增大。

（7）孔喉特征参数与分选系数、退汞效率的相关性都不好，与退汞效率的相关性则表现得更差，可见影响退汞效率的因素多且复杂。

（8）致密砂岩储层孔喉特征参数与物性的相关性整体较差。孔喉特征参数与分选系数、退汞效率的相关性都不好，与退汞效率的相关性则表现得更差。

（9） I 类储层储集空间主要以粒间孔为主，样品孔隙、喉道较发育，孔隙较大，孔喉连通性好。Ⅱ 类储层储集空间主要以溶蚀孔隙为主，样品孔隙、喉道发育较好，孔喉连通性较好，虽然喉道细小，但喉道数量较多。Ⅲ 类储层储集空间主要以微孔为主，样品孔隙、喉道较发育，孔隙较大，孔喉连通性好孔、渗一般的样品储集空间主要以溶蚀孔隙为主，样品孔隙较小，喉道发育细小，孔喉连通性较差。

（10）水驱油离心实验的最佳离心力为 200psi，200psi 水驱油离心后岩心状态为水驱最终状态。建议在进行水驱油离心实验时，采用 200psi 的离心力建立岩心的水驱最终状态。

（11）16 块样品的可动流体百分数主要分布于 29.91% ~ 79.97% 之间，平均为 56.78%；可动流体孔隙度主要分布于 0.83% ~ 8.65% 之间，平均为 3.92%。致密砂岩储层可动流体百分数和可动流体孔隙度的变化较为复杂，储层物性较好的话并不能代表拥有高的可动流体百分数和可动流体孔隙度。

（12）孔隙是否发育、连通性是否好对可动流体百分数的影响非常大。致密砂岩储层较好的孔隙类型是粒间孔（储集空间较大）。一般情况下，孔隙连通性好，则可动流体含量高。次生孔隙的发育对可动流体含量的影响也非常大，它可提供更多的渗流通道，改善储层渗流能力。若样品的自生矿物中见有沸石类矿物、胶结物、伊利石、粒表似蜂巢状伊或蒙混层矿物等，并遭受溶蚀，会使一部分流体变成束缚流体，则这种样品孔隙不发育，孔隙度小、渗透率低、连通性差，可动流体含量低。

第3章 致密砂岩油藏微观剩余油分布规律

上一章对致密砂岩储层微观孔隙结构特征、微观孔喉特征、可动流体变化特征进行了分析，建立了致密砂岩储层分类标准，研究了在不同分类标准下岩样的可动流体的百分含量，为下一步微观剩余油分布规律研究打下基础。基于前面的研究成果，本章利用真实砂岩微观模型水驱油技术来深入研究微观剩余油的分布规律。

3.1 微观水驱油机理研究

向油层注水可以补充油层能量，同时水也可以作为油的驱替剂，将原油向生产井推进，这种排驱过程称为水驱油过程。在水驱油过程中，油水是两种不互溶的液体，其界面张力高达 30 ~ 35mN/m。油层中油水接触处形成一弯液面，存在毛管力，故水驱油属非混相驱。

油层是高度分散体系，界面性质对油水流动有着关键影响，特别是毛管力对油的滞留和排驱有着不可忽视的作用。油层岩石是由几何形状和大小都极不一致的矿物颗粒构成的，形成一个复杂的空间网络，矿物颗粒的组成不完全相同，这些因素决定了孔隙介质的微观集合结构和表面性质都是极不均一的。油层性质的非均质性，增加了水驱油的复杂性。

3.1.1 流单根毛管中水驱油

最简单的流动空间中的水驱油机理是假设水驱油是在亲水毛管中进行的，这时只存在一个与排驱方向相垂直的油水界面，如图 3 - 1 所示，在平衡时 $\Sigma F = 0$。

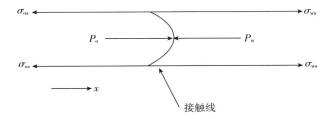

图 3 – 1　毛管力弯液面上的力平衡

即

$$P_o（\pi r^2）+\sigma_{ws}（2\pi r）-P_w（\pi r^2）-\sigma_{os}（2\pi r）=0$$

（3 – 1）

式中　P_o——油相压力，Pa；

　　　P_w——水相压力，Pa；

　　　r ——毛管半径，μm；

　　　σ_{ws}——水 – 固界面张力，mN/m；

　　　σ_{os}——油 – 固界面张力，mN/m。

整理得：

$$P_o-P_w=\frac{2（\sigma_{os}-\sigma_{ws}）}{r}$$

（3 – 2）

考虑到：　　　　$\sigma_{os}-\sigma_{ws}=\sigma_{ow}\cos\theta$

式中　σ_{ow}——油—水界面张力，mN/m；

　　　θ ——接触角，（°）。

故：　　　　　$P_o-P_w=\frac{2\sigma_{ow}\cos\theta}{r}$

（3 – 3）

令：　　　　　$P_o-P_w=P_c$

（3 – 4）

则：　　　　　$P_c=\frac{2\sigma_{ow}\cos\theta}{r}$

（3 – 5）

称 P_c 为毛管力，它是弯液面两边油相和水相存在的压力差。

毛管力 P_c 的方向指向非润湿相，它与弯液面两边油水相间的压差方向相反。对于亲水毛管，$\theta < 90°$，根据式（3－3），必然有 $P_o > P_w$。如果能测量出弯液面两边的压力。将显示出油相压力大于水相压力。若将毛管插入装有油和水的容器中，可以观察到管内油水界面高于管外油水界面，这是管内弯液面处毛管力作用的结果。若将毛管斜放直至水平，如果管壁不存在摩擦力，在毛管力作用下将自动实现水驱油。反之，若毛管是亲油的，毛管力则成为水驱油的阻力，欲实现水驱油，需人工建立压差克服毛管力，亲油毛管表面水驱后，管壁上留下一层油膜。若管壁润湿性不均一，在亲水的地方油膜薄，而在亲油的地方油膜厚。最终，油膜破裂，向厚油膜处收缩形成附着油滴。附着于管壁的油滴能否被水排走，取决于油—水—固三相界面处的界面张力。稳定状态液滴，三相交接处的界面张力（图3－2）存在以下关系：

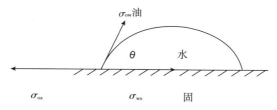

图3－2　三相交界处的界面张力

$$\sigma_{os} = \sigma_{ws} + \sigma_{ow}\cos\theta \qquad (3-6)$$

$$\sigma_{os} - \sigma_{ws} = \sigma_{ow}\cos\theta \qquad (3-7)$$

若 $\sigma_{os} - \sigma_{ws} > 0$，则 $\sigma_{ow}\cos\theta > 0$。因为 σ_{ow} 不能为负值，故 $\cos\theta$ 必为正值，即必须满足 $0° \leq \theta < 90°$。这表明，固体优先亲水，体系将优先地趋向于增加水—固界面而减少油—固界面，附着油滴趋于呈球形。若 $\sigma_{os} - \sigma_{ws} < 0$，则 $\sigma_{ow}\cos\theta < 0$，这时 $90° < \theta \leq 180°$，固体表面亲油，体系自发地趋于增加油—固界面，减少

水—固界面，附着油滴趋于呈扁球形。对于不同附着形状的油滴，水排驱它所需要的能量大小不同。

3.1.2　并联毛管中水驱油

油层岩石的孔隙网络，是由无数形状不同通过孔喉互相连通起来的孔隙所构成的空间流动通道。这里讨论构成孔隙网络的最基本的流动单元中的水驱油机理，即并联孔隙中水驱油机理，研究油滴形成、排驱和滞留机理。图 3 - 3 表示了这一排驱过程。

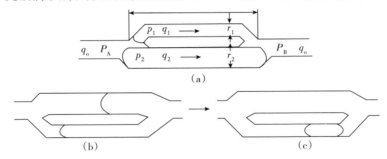

图 3 - 3　并联毛管中水驱油

1）不存在毛管力的排驱机理

假设并联毛管长度为 L，上毛管半径为 r_1，下毛管半径为 r_2，且 $r_1 < r_2$。孔隙饱和油黏度为 μ_o 的水自左端注入，A、B 两点间的压差为 $P_A - P_B$，考察油滴滞留机理。图 3 - 3（a）表示水刚好到达 A 点，在上、下毛管中分别形成两个油水界面。根据单根毛管中两相流公式：

$$v = \frac{r^2 \ (P_A - P_B)}{8 \ [\mu_w x + \mu_0 \ (L - x)]} \tag{3-8}$$

式中　v——油水界面前进速度；

　　　L——A、B 两点间毛管长度；

　　　x——油水界面距入口端 A 的距离。

由式（3-8）知，流速与毛管半径平方成正比，考虑到 $\mu_o >$ μ_w，随油水界面位置 x 增加分母变小，故速度增加。在 $x = 0$ 处，公式（3-8）变为：

$$v_{x=0} = \frac{r^2 \ (P_A - P_B)}{8\mu_o L} \qquad (3-9)$$

此时流速最小，当 $x = L$ 时，公式（3-8）变为：

$$v_{x=L} = \frac{r^2 \ (P_A - P_B)}{8\mu_w L} \qquad (3-10)$$

此时速度最大。当 $0 < x < L$ 时，有 $v_{x=0} < v_{x=x} < v_{x=L}$。

将上述关系用于图3-3的并联毛管，并考虑到 $r_1 < r_2$。在 $x = 0$ 处，必然有 $v_{r_1, x=0} < v_{r_2, v=0}$，其速度差为：

$$v_{r_2, x=0} - v_{r_1, x=0} = \ (r_2^2 - r_1^2) \ \frac{P_A - P_B}{8\mu_o L} \qquad (3-11)$$

在 $x = L$ 处，由于半径不同在毛管中产生的速度差为：

$$v_{r_2, x=L} - v_{r_1, x=L} = \ (r_2^2 - r_1^2) \ \frac{P_A - P_B}{8\mu_w L} \qquad (3-12)$$

同理，在任何位置 $x = x$ 处，由于半径不同在毛管中产生的速度差为：

$$v_{r_2, x=x} - v_{r_1, x=x} = \ (r_2^2 - r_1^2) \ \frac{P_A - P_B}{8 \left[\mu_w x + \mu_o \ (L-x) \right]} \qquad (3-13)$$

分析以上三个公式可以看出，在相同位置 x 处，由于半径不同在毛管中产生的速度差，将随 x 长度的增加而增加。

由于在 $x = 0$ 处两毛管的速度便不同，所以，当油水界面到达 A 点时便产生速度差。经过 Δt 时刻后，上下毛管中油水界面移动距离分别为 x_1 和 x_2，且知 $x_1 < x_2$，这时两毛管中的速度分别为：

$$v_{r_1, x=x_1} = \frac{r_1^2 \ (P_A - P_B)}{8 \left[\mu_w x_1 + \mu_o \ (L-x_1) \right]} \qquad (3-14)$$

$$v_{r_2, x=x_2} = \frac{r_2^2 \ (P_A - P_B)}{8 \ [\mu_w x_2 + \mu_o \ (L - x_2)]} \tag{3-15}$$

对比式（3-14）和式（3-15），因 $r_1 < r_2$，以及 $x_1 < x_2$，所以 $v_{r_1, x=x_1} < v_{r_2, x=x_2}$。这说明，当油水界面进入并联毛管的入口端后，在忽略毛管力的条件下，在任何时刻 t，大毛管中的速度都大于小毛管的速度。这一速度差的产生，起因于在 $x = 0$ 处，因毛管半径不同而产生速度差，它导致经过相同时刻后，大毛管中油水界面移动距离大于小毛管中油水界面移动的距离。油水界面位置的差别，又进一步助长了大小毛管中的速度差。因此，当大毛管中的油水界面到达 B 点时［图 3-3（b）］，小毛管中还存在油。大毛管中的水在 B 点与小毛管中的油相接触，产生一反向弯液面而形成油滴［图 3-3（c）］。

2）存在毛管力的排驱机理

当考虑油水弯液面上的毛管力时，流速将受毛管力的影响而与上述驱油机理不同。假设管壁亲水，当水进入毛管后，A、B 两点的压差表示为：

$$P_A - P_B = \ (P_A - P_{w1}) \ + \ (P_{w1} - P_{o1}) \ + \ (P_{o1} - P_B) \tag{3-16}$$

式中　p_{o1}——油-水界面处油相一边的压力；

　　　　p_{w1}——油-水界面处水相一边的压力；

　　$P_A - P_{w1}$——水相黏滞阻力产生的压降。

$$P_A - P_{w1} = \frac{8\mu_w L_w v_1}{r_1^2} \tag{3-17}$$

式中　$P_{w1} - P_{o1}$——弯液面两边的压差，即毛管力。

$$P_{w1} - P_{o1} = \frac{-2\sigma\cos\theta}{r_1} \tag{3-18}$$

式中　$P_{o1} - P_B$——油相黏滞阻力产生的压降。

$$P_{o1} - P_B = \frac{8\mu_o \Delta_o v_1}{r_1^2} \qquad (3-19)$$

将式（3-17）、式（3-18）、式（3-19）分别代入式（3-16），得：

$$P_A - P_B = \frac{8\mu_w L_w v_1}{r_1^2} - \frac{2\sigma\cos\theta}{r_1} + \frac{8\mu_o L_o v_1}{r_1^2} \qquad (3-20)$$

假设 $\mu_w = \mu_o = \mu$，由于 $L = L_w + L_o$，所以：

$$P_A - P_B = \frac{8\mu L v_1}{r_1^2} - P_{c1} \qquad (3-21)$$

式（3-21）中，等式右端的第一项为黏滞力引起的压降，第二项为毛管力。同理，在下毛管中，A、B 之间的压降为：

$$P_A - P_B = \frac{8\mu L v_2}{r_2^2} - P_{c2} \qquad (3-22)$$

式（3-21）和式（3-22）说明，存在毛管力条件下，总压降是由黏滞力和毛管力共同产生的。故流速受它们共同控制。为了分析并联毛管中的速度差，首先分析单根毛管中毛管力和黏滞力对速度的影响。

设毛管半径为 r，$\mu_o = \mu_w = \mu = 1\text{mPa} \cdot \text{s}$，润湿接触角 $\theta = 0°$，利用式（3-22）计算 A、B 两点间的压降。表3-1列出了 r 为不同值时对应的黏滞力和毛管力以及总压降 $P_A - P_B$。

表3-1　黏滞力和毛管力对总压降的贡献

$v = 3.53\mu\text{m/s}$，$L = 500\mu\text{m}$，$\sigma = 30\text{mN/m}$

孔隙半径 (r) /μm	黏滞力压力降 $(8\mu L v/r^2)$ /Pa	毛管压力降 (P_c) /Pa	总压降 $(P_A - P_B)$ /Pa
2.5	2.26	24000	-23998
5	0.56	12000	-12000
10	0.141	6000	-6000

孔隙半径 (r)/μm	黏滞力压力降 ($8\mu Lv/r^2$)/Pa	毛管压力降 (P_c)/Pa	总压降 ($P_A - P_B$)/Pa
25	0.023	2400	-2400
50	0.0056	1200	-1200
100	0.0014	600	-600

由表 3 – 1 可见，在油层常见速度下，对于亲水油层，润湿相排驱非润湿相时，压降总是负值。负的压降并不意味着排驱方向逆转。在亲水毛管中，毛管力的方向与油水之间的压差方向相反，正是在毛管力作用下水平毛管自动实现水驱油。表 3 –1 数据说明，在亲水单根毛管中水驱油，粘滞力对毛管力是阻力。

对于并联毛管，A、B 两点之间的总压降对两并联毛管是相同的，若在两根毛管中都实现水驱油，油滴将在流速慢的毛管中形成。根据式（3 –21）和式（3 –22），在毛管 1 和 2 中可能出现的速度和相应的总压降可能有以下几种情况（表 3 –2）：

表 3 – 2　并联毛管中速度和压降的关系

$v_1 = 0$	$P_A - P_B = -P_{c1}$	$v_2 = 0$	$P_A - P_B = -P_{c2}$
$v_1 > 0$	$P_A - P_B > -P_{c1}$	$v_2 > 0$	$P_A - P_B > -P_{c2}$
$v_1 < 0$	$P_A - P_B < -P_{c1}$	$v_2 < 0$	$P_A - P_B < -P_{c2}$

欲在两根毛管中都实现水驱油，流速都应为正值（$v > 0$）。这种情况仅在 $P_A - P_B > -P_{c1}$ 和 $P_A - P_B > -P_{c2}$ 时才会发生。考虑到 $r_1 < r_2$，故 $P_{c2} < P_{c1}$，即 $-P_{c2} > -P_{c1}$。因此，同时在毛管 1 和 2 实现水驱油的条件是 $P_A - P_B > -P_{c2}$。当两毛管都实现水驱油时，在流速慢的毛管中形成油滴。下面通过一实例对比并联毛管的速度差。

假设 $v_2 = 3.53 \mu\text{m/s}$，$r_1 = 2.5 \mu\text{m}$，$L = 500 \mu\text{m}$，$\sigma = 30 \text{mN/m}$，$\mu_o = \mu_w = \mu = 1 \text{mPa} \cdot \text{s}$，$\theta = 0$，在表 3 – 3 中列出不同的 r_2/r_1 值，求出 r_2，由式（3 – 22）计算 $P_A - P_B$。当已知 $P_A - P_B$ 后，由式（3 – 21）计算 v_1。表 3 – 3 列出了不同的 r_2/r_1 值对应的 $P_A - P_B$ 和 v_1。

表 3 – 3　不同的 r_2/r_1 值计算的总压降和小毛管速度

r_2/r_1	$P_A - P_B$/Pa	$v_1/$（cm/s）
2	– 12000	1.88
4	– 6000	2.81
10	– 240	3.38
20	– 120	3.56
40	– 60	3.66

由表 3 – 3 数据可见，v_1 比 v_2 大 4 个数量级。这说明，当孔隙是强亲水时，并联毛管中总是小毛管中的油排的干净，在大毛管中流下油滴。在图 3 – 4 中，当毛管 1 中的油排完时，油水界面以越过 B 点，B 点的压力转变为弯液面水相一边的压力，故 B 点压力下降，出现 $P_A > P_B$。$P_A - P_B$ 是毛管 1 黏滞阻力造成的压力降，它是排驱毛管 2 中油滴的动力。

油滴能否被排驱，不仅取决于 $P_A - P_B$，还取决于油滴两端弯液面上的毛管压力差，图 3 – 4 所示的油滴处于静止状态［图 3 – 4（a）］。毛管力造成的压差由式（3 – 23）计算：

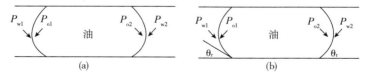

图 3 – 4　静止油滴弯液面的毛管力

$$P_{w1} - P_{w2} = (P_{w1} - P_{o1}) + (P_{o2} - P_{w2}) \qquad (3 - 23)$$

式中　P_{w1}——左端弯液面水相压力；

　　　P_{w2}——右端弯液面水相压力；

　　　P_{o1}——左端弯液面油相压力；

　　　P_{o2}——右端弯液面油相压力。

　　因为　　　　　　　$P_{w1} - P_{o1} = \dfrac{-2\sigma\cos\theta}{r_1}$

　　和　　　　　　　　$P_{w2} - P_{o2} = \dfrac{2\sigma\cos\theta}{r_r}$

式中　r_1——油滴左端弯液面处的毛管半径；

　　　r_r——油滴右端弯液面处的毛管半径。

　　故　　　　　$P_{w1} - P_{w2} = \dfrac{-2\sigma\cos\theta}{r_1} + \dfrac{2\sigma\cos\theta}{r_r} \qquad (3 - 24)$

　　当 $P_A - P_B > P_{w1} - P_{w2}$ 时，油滴可能流动。但是，油滴从静止到流动之前，因动力滞后，弯液面首先要变形，润湿角发生改变 [图 3 - 4（b）]，假设 $r_1 = r_r = r$，这时，两端弯液面的毛管力差由式（3 - 25）表示：

$$P_{w1} - P_{w2} = \dfrac{2\sigma}{r} (\cos\theta_r - \cos\theta_1) \qquad (3 - 25)$$

式中　θ_1——油滴左端弯液面处的前进角和后退角；

　　　θ_r——油滴右端弯液面处的前进角和后退角。

　　式（3 - 25）是存在动力滞后使油滴流动所需的最小压力，称为附加毛管阻力。

　　虽然，油层中的油滴形状并不像图 3 - 4 所示的那么规则，它更多的像图 3 - 5 所示，占据几个孔隙空间，形成若干弯液面形状不规则的油滴。但是，并联毛管基本反应了油滴形成、滞留和起动的机理。它说明，毛管力对油滴的形成、滞留起着关键作用。

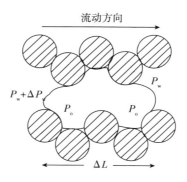

图 3 – 5   油层中的油滴形状

3.2   岩心水驱油核磁共振实验研究

3.2.1   实验介绍

　　本项实验将核磁共振与水驱油实验相结合，获得岩样饱和水状态、饱和油束缚水状态及水驱油最终状态下的 T_2 谱。由于实验中所用模拟油不含氢元素，核磁共振检测时模拟油不产生信号，因此各个状态下所测 T_2 谱为该状态下水的 T_2 谱。通过分析不同状态下岩心内水的 T_2 谱变化，定量获得了岩心饱和油束缚水状态下的含油量及油相在岩心孔隙中的分布，定量分析出水驱油最终状态下油相总采出程度及不同大小孔隙区间内的油相采出程度，定量分析出水驱油最终状态下剩余油饱和度及剩余油分布特征等。本项实验共完成了 2 个岩心的水驱油核磁共振实验及分析（表 3 – 4）。

表 3 - 4　岩心资料

取心资料					常规分析结果			
序号	样品名	层位	深度/m	长度/cm	直径/cm	视密度/(g/cm^3)	气测孔隙度/%	气测渗透率/$10^{-3}\mu m^2$	水测孔隙度/%
1	塬32 - 104	长8 - 1	2636	4.04	2.52	2.50	6.22	0.065	6.17
2	塬28 - 99	长8 - 1	2375	3.95	2.52	2.25	10.61	0.56	10.26

3.2.2　水驱油核磁共振测试结果及分析

图 3 - 6、图 3 - 7 分别给出的是 2 个岩心饱和水状态、饱和油束缚水状态及水驱油最终状态下的核磁共振 T_2 谱，表 3 - 5 ~ 表 3 - 8 给出的是 2 个岩心水驱油核磁共振检测结果。

(1) 饱和油束缚水状态下，2 个岩心饱和油饱和度分别为 69.69%（其中小于 10ms 孔隙空间内的含油饱和度为 21.66%，大于 10ms 孔隙空间内的含油饱和度为 48.04%）和 79.69%（其中小于 10ms 孔隙空间内的含油饱和度为 32.73%，10 ~ 100ms 孔隙空间内的含油饱和度为 29.30%，大于 100ms 孔隙空间内的含油饱和度为 17.67%），2 号样孔隙度和渗透率相对较高，饱和油饱和度也相对较高。

(2) 水驱油最终状态下，2 个岩心总采出程度分别为 53.07% 和 51.57%，2 个样 10ms 以下孔隙空间内的采出程度均较低（绝对采出程度分别为 5.18% 和 7.35%，相对采出程度分别为 16.66% 和 17.90%），10ms 以上孔隙空间内的采出程度均较高（绝对采出程度分别为 52.89% 和 44.22%，相对采出程度分别为 76.74% 和 75.03%）。

（3）水驱油最终状态下，2个岩心总剩余油饱和度分别为 29.22% 和 38.59%，10ms 以下孔隙空间内的剩余油饱和度分别为 18.05% 和 26.87%，10ms 以上孔隙空间内的剩余油饱和度分别为 11.17% 和 11.73%，剩余油主要存在于 10ms 以下孔隙空间内。

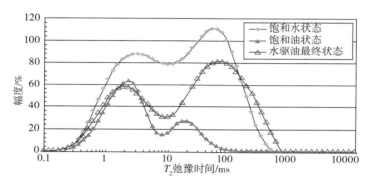

图 3－6　1 号岩心饱和水、束缚水及水驱油最终状态下的核磁共振 T_2 谱

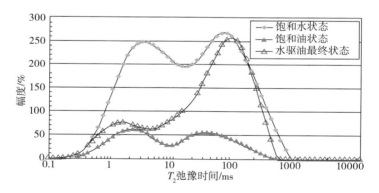

图 3－7　2 号岩心饱和水、束缚水及水驱油最终状态下的核磁共振 T_2 谱

表 3 – 5　1 号样不同状态下 T_2 谱不同区间含油饱和度　　　　　%

岩心状态	所有孔隙区间	小于 10ms 区间		大于 10ms 区间	
		绝对	相对	绝对	相对
饱和水状态	0	0	0	0	0
饱和油束缚水状态	69.69	21.66	47.99	48.04	87.54
水驱油最终状态	29.22	18.05	40.00	11.17	20.36

表 3 – 6　1 号样不同状态下 T_2 谱不同区间油相采出程度　　　　　%

岩心状态	所有孔隙区间	小于 10ms 区间		大于 10ms 区间	
		绝对	相对	绝对	相对
饱和水状态	/	/	/	/	/
饱和油束缚水状态	/	/	/	/	/
水驱油最终状态	53.07	5.18	16.66	52.89	76.74

表 3 – 7　2 号样不同状态下 T_2 谱不同区间含油饱和度　　　　　%

岩心状态	所有孔隙区间	小于 10ms 区间		10 ~ 100ms 区间		大于 100ms 区间	
		绝对	相对	绝对	相对	绝对	相对
饱和水状态	0	0	0	0	0	0	0
饱和油束缚水状态	79.69	32.73	75.98	29.30	79.04	17.67	88.97
水驱油最终状态	38.59	26.87	62.38	8.99	24.25	2.74	13.79

表 3 – 8　2 号样不同状态下 T_2 谱不同区间油相采出程度　　　　　%

岩心状态	所有孔隙区间	小于 10ms 区间		10 ~ 100ms 区间		大于 100ms 区间	
		绝对	相对	绝对	相对	绝对	相对
饱和水状态	/	/	/	/	/	/	/
饱和油束缚水状态	/	/	/	/	/	/	/
水驱油最终状态	51.57	7.35	17.90	25.48	69.32	18.74	84.50

3.3 真实砂岩微观模型水驱油实验研究

真实砂岩微观模型技术不仅保留了储层岩石本身的孔隙结构特征，还保留了岩石表面物理性质及部分填隙物，使研究结果可信度较其他模型大大增加，应用领域更为广泛。利用真实砂岩微观模型加上全信息扫描录像，能逼真、直观地再现油水两相驱替过程中流体的运动状况及残余油分布规律，直接观察流体在岩石孔隙空间的驱替特征。

3.3.1 实验介绍

选取研究区典型生产井组在长 8 层位不同射孔段取得的岩心，再根据其试油试采结果、岩心保存情况、薄片观察等有关资料进行综合分析，制作真实砂岩微观模型。同时，也选取了在不同沉积微相、不同沉积韵律条件下的样品，按其沉积条件、物性差异分别组成了单模型和组合模型。本次实验共分析长 8 储层模型 11 块，参数见表 3 - 9，按照模型所处的沉积微相及在平面上的位置对实验模型进行了分类，其中分成组合模型 2 组（4 块），单模型 8 块。

表 3 - 9　实验模型参数统计

井号	岩心编号	深度/m	层位	渗透率/$10^{-3}\mu m^2$	孔隙度/%	微相类型
塬 26 - 100	3	2703.21	长 8	0.28	9.21	水下分流河道
塬 42 - 97	6	2673.45	长 8	0.15	6.35	水下天然堤
塬 33 - 92	2	2635.49	长 8	0.36	8.72	水下分流河道
塬 22 - 109	1	2676.12	长 8	0.25	6.53	水下天然堤
塬 34 - 87	8	2677.35	长 8	0.09	4.59	水下分流河道
塬 40 - 87	6	2652.97	长 8	0.22	6.37	水下分流河道

井号	岩心编号	深度/m	层位	渗透率/$10^{-3}\mu m^2$	孔隙度/%	微相类型
塬 40 – 88	5	2712.31	长 8	0.13	6.58	水下分流河道
塬 35 – 98	3	2677.81	长 8	0.06	4.61	水下分流河道
塬 60 – 84	2	2565.13	长 8	0.51	9.23	水下分流河道
塬 48 – 87	4	2676.19	长 8	0.29	5.59	水下分流河道
塬 21 – 96	5	2683.91	长 8	0.18	5.22	水下分流河道

3.3.2　微观水驱油特征分析

致密砂岩储集层最突出的特点是孔隙喉道细小、渗透性差、微观非均质性强、比表面大，流体渗流速度缓慢，注水开发过程中也表现出了与中、高渗储层不同的特征，这将直接影响注水开发效果。

实验表明，所有模型都存在水驱过程中注入压力升高的情况，即在一定压力下，注水进行一段时间之后注入水在模型孔隙中便停止流动，必须提高注水压力才能使其恢复流动。如塬 42 – 97 井，在长 8 层位的渗透率为 $0.15 \times 10^{-3}\mu m^2$，在 0.051MPa 压力下，注入水约 1 倍孔隙体积时，模型出口见水，此后注入水便停止流动，后将压力升至 0.086MPa 时，注入水才重新流动，注水压力较先前提高了 1.69 倍。

同时，随着注水压力的升高，注入水进入更小的孔隙形成新的水驱油通道，经过一段时间后，由于通道中油滴（油柱）运移过程中产生的附加阻力，使得注入水无法再通过这些通道渗流。例如塬 21 – 96 井，驱替过程中，当压力由 0.067MPa 升高到 0.096MPa 后，原通道中的油滴克服附加阻力通过喉道，注入水在原有水驱通道上重新流动，而新型成的通道中注入水便停止流动。

镜下观察还发现，有些油滴在经过狭小喉道时，卡在喉道处不能移动，以塬 35 - 98 井为例，当驱替压力达到 0.75MPa 时，油滴卡在喉道处，继续增大驱替压力，当压力增加至 0.108MPa时，油滴仍然无法移动。

上述分析可以看出，孔隙喉道狭小是致密砂岩储层孔隙结构的主要特征，在这些细微孔喉中，分子力的作用显得较为突出，也使水驱油过程中"卡断"现象增多，不仅阻止了部分油滴的运移，而且"锁死"了已形成的水驱油通道，增加了卡断油滴被捕集成为残余油的概率，降低了驱油效率。也正是造成注水井压力升高，甚至部分注水井地层压力大大超过原始地层压力，水驱油效果差的主要原因之一。

1）残余水的主要形成方式及机理

从微观模型的油驱水中发现，本区因孔隙表面的吸附作用形成的水膜是残余水存在的一种基本形式，但在残余水饱和度中不占主要部分。而模型孔隙结构的非均质性对残余水数量有很大的控制作用。残余水主要以以下几种方式出现：

（1）被小孔道控制的大孔隙之中；

（2）一端封闭的孔隙之中；

（3）在粗细不等的并联孔道中；

（4）孔隙的角隅地区；

（5）在大孔隙中，由于局部表面不平整而形成残余水；

2）残余油的主要形成方式及机理

经大量有关资料显示，在微观水驱过程中卡断和绕流是形成残余油的最主要的原因。

（1）卡断。

由于实际油层的孔隙网络十分复杂，是由许多形态不同的孔喉组合在一起的。在水驱过程中油水界面在这种复杂的孔道中移动，界面的形态随时都在变化，毛管力也随之不断变化。当连续的油流通过孔隙喉道处，由于流通半径发生突变，驱动力和毛细管力的不平衡变化，油流在喉道处很容易被卡断。这些被卡断下来的油滴在孔隙中就形成了残余油。

在实验中，这种卡断现象是十分普遍的。影响卡断的因素有许多。卡断现象与喉道处水膜厚度有关。水膜越厚，卡断现象越容易发生。这种卡断现象发生在大孔隙内部时，注入水首先沿着孔隙两侧前进，由于孔隙内部高低不平，驱动力和毛管力的不平衡使油珠在某些特定位置被卡断，形成残余油。

（2）绕流。

在驱动力大于毛管力的情况下，注入水在较大的孔喉系统中前进的快一些，并首先到达模型出口端，形成连通水道。而这种连通水道一旦形成，注入水的主要部分都是在这些阻力小的水道中流动，被大孔道包围的小孔隙群中的油就成簇状残留下来。当驱动力小于毛管力时，则注入水在小孔隙道中前进得快一些，油就在大孔隙里以簇状油块残留下来。对于孔隙结构复杂、微孔发育的模型来说，这种绕流而残余下来的油量对残余油饱和度的影响是很大的。

（3）水驱油时油水运动特征。

在注水前缘后面的二相流动区，能看到明显的油水分道而流。而且被卡断残留下来的油滴也不一定都成为残余油。在注入水的长期冲刷或提高注水压力时，这些小油滴也可能在某些大孔隙中重新聚集起来，当油滴聚集到一定程度，便在驱动力的作用下沿着大孔道继续前进。

3）"贾敏效应"是不可忽视的作用力

孔隙介质中气泡、液珠因毛细管力产生的"气阻""液阻"现象通称为"贾敏效应"。

据大量微观模型油、水两相驱替实验观察，在岩石亲水条件下，水驱油所需压力普遍大于油驱水压力，姬塬长 8 油层这一反常现象尤为明显。理论上讲，在岩石亲水或偏亲水的情况下，油驱水过程是排驱过程，水驱油过程是吸入过程，油驱水所需要的压力应当大于水驱油压力，但实际实验结果却与此相反。也许这种反常现象只能用"贾敏效应"来解释。据大量实验观察，在油驱水过程中，特别是油驱水过程的初期，运动的油柱多是连续的，即便是发生卡断现象，产生的油滴（气泡）会很快聚并，此时"贾敏效应"很弱。在水驱油过程中，特别是当孔隙介质中含油饱和度较低时，连续油柱往往发生卡断，产生大量油珠，此时"贾敏效应"即成为孔隙介质中不可忽略的渗流阻力，大大增大了水驱油压力。研究发现，"贾敏效应"与岩石渗透率有明显关系，渗透率越低，水驱油和油驱水入口压力比越大，说明"贾敏效应"越突出。水驱油和油驱水入口压力比普遍较高，其中部分样品高达 2 ~ 3 倍，足见低渗油层的"贾敏效应"十分突出（图 3 - 8、图 3 - 9）。

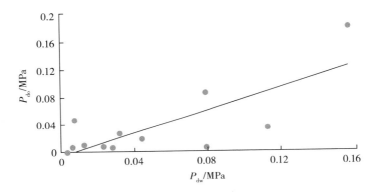

图 3 – 8　水驱油入口压力 P_{dw} 与油驱水入口压力 P_{do} 散点图

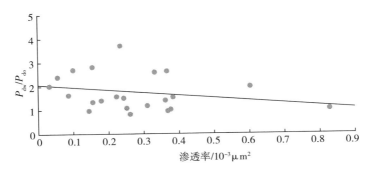

图 3 – 9　渗透率与 P_{dw}/P_{do} 的关系曲线

　　以上实验结果完全可以推理到实际油层中去，渗透油田注水开发过程中随着油井含水上升，含油饱和度逐渐降低，大量分散油珠产生的"贾敏效应"会给水驱油造成很大阻力。致密砂岩油藏注水压力本来就高，水驱油速度十分缓慢，再加上附加的毛细管阻力，油井产量将会更低。长庆油田三叠系油层不少油井见水之后产量明显下降，也可能是"贾敏效应"所致。因此，消除或降低"贾敏效应"对致密砂岩油藏开发的影响，是三次采油研究应当考虑的问题。

4）水驱油效率低

表 3 – 10 列出了姬塬油田用真实砂岩微观模型测定的水驱油效率。据统计，我国 25 个主要注水油田的平均驱油效率为 53.1%，前苏联水驱油田的平均驱油效率为 60%，姬塬油田长 8 储层的平均驱油效率明显低于全国平均值。

根据 11 块模型的水驱油实验结果，我们发现实验模型水驱油效率较低，动用程度整体差。表 3 – 10 列出了真实砂岩微观模型水驱油实验结果，从中可以看出，长 8 储层 3PV 时的驱油效率最大为 55.32%，最小为 20.78%，平均为 36.45%。

姬塬油田黄 3 区水驱油效率较低的主要原因是储集岩物性差，孔隙喉道细小的特点。从大量模型水驱油实验观察到，储油岩石形成残余油的主要原因是绕流和卡断现象。前者是储集岩微观孔喉分布的非均质性造成，它使注入水首先沿阻力小的含油孔道前进，绕过渗流阻力较大的含油孔喉，形成连片的残余油；后者是水驱油过程中油柱常常被卡断成一个个的油滴，增加了残余油的形成概率。一般情况下，卡断现象产生的油滴可以被水携带继续前进，最终被采出。但是，对于孔喉细小的低渗透油层，"贾敏效应"特别突出，卡断之油滴要向前运移需要克服很大的毛细管阻力，从而大大增加了残余油的形成概率，造成大量油滴被捕集下来，降低了水驱油效率。绕流的发生主要是孔隙结构非均质所致，而高低渗透层之间孔隙结构非均质并没有必然的差别，所以低渗油层绕流现象并不比高渗透层突出。从而间接证明，低渗透油层以油滴形式捕集下来的残余油占有更大比重，是驱油效率偏低的重要原因。

表 3 - 10　姬塬油田长 8 微观模型水驱油效率统计表

井号	层位	编号	深度/m	渗透率/ $10^{-3} \mu m^2$	1PV E_d/%	2PV E_d/%	3PV E_d/%
塬 26 - 100	长 8	3	2703.21	0.28	18.56	30.12	36.57
塬 42 - 97	长 8	6	2673.45	0.15	20.86	33.26	43.25
塬 33 - 92	长 8	2	2635.49	0.36	23.03	32.95	33.77
塬 22 - 109	长 8	1	2676.12	0.25	20.56	32.22	36.67
塬 34 - 87	长 8	8	2677.35	0.09	17.73	26.36	28.18
塬 40 - 87	长 8	6	2652.97	0.22	13.33	22.50	23.54
塬 40 - 88	长 8	5	2712.31	0.13	24.23	42.77	55.32
塬 35 - 98	长 8	3	2677.81	0.06	9.00	17.00	20.78
塬 60 - 84	长 8	2	2565.13	0.51	14.00	19.00	38.61
塬 48 - 87	长 8	4	2676.19	0.29	13.51	27.02	31.28
塬 21 - 96	长 8	5	2683.91	0.18	15.00	32.00	36.92
平均				0.23	18.37	32.18	36.45

5）自吸水驱油现象较强

自吸水驱油现象可以发生于一切亲水储集岩层的水驱油过程，自吸水驱油现象的强弱与储集岩的润湿性及孔隙结构有明显关系。即储集岩的亲水性越强，自吸速度越快，孔隙喉道越小，越易发生自吸。自吸现象常发生在胶结物、解理缝、微裂缝及孔隙边缘夹缝等一些尺寸十分细微的部位。

低渗透油层储集岩总体上孔喉细小，自吸水驱油现象较一般储集岩更强些。自吸实验证实了姬塬油田自吸现象的存在，虽然自吸速度十分缓慢，但较长时间后仍可见到水自吸驱油现象，平均吸水速度在 $0.5 \times 10^{-4} \sim 4 \times 10^{-4}$ mL/h，镜下可见到原来被油占据的孔隙后来被水所占据。

以往的自吸水驱油研究多集中于裂缝性双重孔隙介质油藏，

其目的是利用自吸驱油现象开采基质岩块中的剩余油。大量微观模型实验证实，在一般孔隙性油层中，由于微观孔隙结构的非均质性，绕流现象十分普遍，注入水首先沿阻力小的孔道突进，常把大片含油孔隙绕过、包围，形成连片的残余油，与被裂缝包围的基质岩块残余油类似。绕流残余油也应当可以通过水的自吸作用，将其驱替到周围畅通的孔道，然后被采出。既然低渗透油层中自吸水驱油现象较强，适应于裂缝性双重孔隙介质油藏开发的低速注水或周期注水采油办法也适应于致密砂岩油藏开发，只是绕流残余油区中的自吸驱油多属于逆向自吸，水的吸入方向和油的排出方向相向，自吸速度十分缓慢。

6）驱替类型多样

通过 11 块样品实验过程观察发现，致密砂岩储层的驱替类型主要表现为：均匀驱替、蛇状驱替、树枝状驱替、网状驱替。

（1）均匀驱替。

该驱替类型主要出现在孔隙发育、孔喉连通性较好的区域。驱替时，水首先进入阻力小的孔隙，由于孔喉连通性较好，注入水波及面积在平面上逐渐扩大，水驱前缘几乎平行推进，该类型无水期采收率短，最终驱替效果较好（图 3 - 10）。

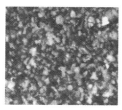

（a）塬42-97井，长8，6号，（b）塬33-92井，长8，2号，（c）塬22-109井，长8，1号，
2673.45m　　　　　　　　2635.49m　　　　　　　　2676.12m

图 3 - 10　均匀驱替型

（2）蛇状驱替。

该驱替类型主要出现在部分大孔隙连通较好的区域，表现为初期水驱前缘呈蛇状分布，随着驱替时间的延续，蛇状突进范围逐渐变宽（但范围不大），部分蛇状前缘相遇后混合连片，没有连片的区域就形成了绕流残余油。该类型无水期采收率相对较高，但最终驱替效果不好（图 3 - 11）。

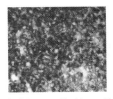  

（a）塬34-87井，长8，8号，　（b）塬40-87井，长8，6号，　（c）塬40-88井，长8，5号，
　　　2677.35m　　　　　　　　　　2652.97m　　　　　　　　　　2712.31m

图 3 - 11　蛇状驱替型

（3）树枝状驱替。

该驱替类型实际上是蛇状驱替的一种变异，与蛇状驱替相似，初期水驱前缘成蛇状前进，随着驱替的进行，水驱前缘分叉，之后各自沿着连通较好的孔隙驱替，各条驱替前缘之间几乎相互独立、不交汇。该类型无水期采收率高，最终驱替效果一般（图 3 - 12）。

 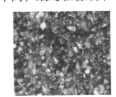 

（a）塬35-98井，长8，3号，　（b）塬35-98井，长8，4号，　（c）塬35-98井，长8，5号，
　　　2677.81m　　　　　　　　　　2678.49m　　　　　　　　　　2680.16m

图 3 - 12　树枝状驱替型

（4）网状驱替。

网状驱替基本是蛇状驱替和树枝状驱替的综合体现。水驱油过程中水驱前缘成水网状突进，突破后在后缘形成网状水驱通道，随着驱替的进行，各条水驱通道相互交织，网格逐渐变小、变密，网格中油逐渐被驱替出来，该驱替类型无水期较短，形成的绕流残余油区较蛇状和树枝状驱替类型小，但比均匀驱替型大，最终采收率较高（图3－13）。

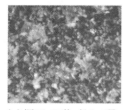 

（a）塬48-87井，长8，4号，　　　　（b）塬21-96井，长8，5号，
　　　2676.19m　　　　　　　　　　　　2683.91m

图3－13　网状驱替型

7）水驱残余油类型多样

镜下观察表明，研究区长8储层其残余油类型主要为油膜、绕流和卡断形成的残余油，残余油的存在形式取决于孔隙（尤其是次生孔隙）的发育程度、孔喉比的大小、岩石颗粒表面的润湿性有关（图3－14）。

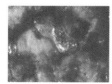  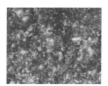

（a）油膜（塬42-97井，　　（b）绕流残余油（塬22-109　　（c）卡断残余油（塬35-98
长8，6号，2673.45m）　　井，长8，2号，2678.67m）　　井，长8，4号，2683.65m）

图3－14　残余油类型

8）黏土矿物

电镜下观察到绿泥石有两种赋存状态：一种是作为孔隙衬边方式产出的黏土膜［图3－15（a）］；另一种是充填于孔隙中的填隙物［图3－15（b）］。饱和油过程中，以孔隙衬边方式产出的绿泥石膜，吸附部分油，随着时间的推移，这些被吸附的油聚集越来越多，它们占据孔隙空间，使孔隙度减小、渗透性变差；同时，也使得边界层变厚，加大了渗流过程中边界层的影响。而充填于孔隙中的绿泥石常常占据孔隙喉道，使喉道变细、曲折迂回甚至消失，增加了孔喉非均质性，使水驱过程变得更加复杂。

而高岭石的存在虽然形成了一定量的晶间孔，提高了储层的孔隙度，但是由于高岭石一般以充填粒间孔隙为主［图3－15（c）］，把一个大孔隙分割成无数小孔隙，缩小孔隙并堵塞了喉道。伊利石充填孔喉生长［图3－15（d）］同样降低了孔隙的连

（a）塬42－90井，长8，2号，2653.79m，他充填孔隙的硅质和绿泥石膜
（b）塬62－96井，长8，5号，2576.90m，绿泥石膜及粒间孔、长石溶孔

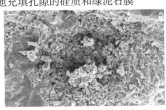
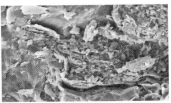

（c）塬46－92井，长8，7号，2596.8 m，粒间充填高岭石
（d）塬46－92井，长8，3号，2591.30m，粒间充填的定向片状伊利石与石英微晶

图3－15　储层铸体薄片和电镜扫描照片

通性，减小了有效渗流空间。

可见黏土矿物的存在形式和含量改变了储层的孔隙结构，增加了孔隙结构微观非均质程度，有时候不但使孔喉变细，而且使连通性变差，减小了可渗流的通道，增加了残余油的形成概率，也就降低了水驱油效率。

9）注入水波及系数

从实验结果来看，长 8 储层模型 1PV 时的波及系数介于 23%～36% 范围内，平均为 27.69%；2PV 时的波及系数介于 29%～43% 范围内，平均为 35.23%；3PV 时的波及系数介于 33%～53% 范围内，平均为 40.23%（表 3 – 11）。

表 3 – 11　微观模型水驱油波及系数计算结果

井号	层位	岩心编号	深度/m	渗透率/$10^{-3} \mu m^2$	1PV 波及系数	2PV 波及系数	3PV 波及系数
塬 26 – 100	长 8	3	2703.21	0.28	25.00	31.00	38.00
塬 42 – 97	长 8	6	2673.45	0.15	30.00	38.00	43.00
塬 33 – 92	长 8	2	2635.49	0.36	25.00	34.00	37.00
塬 22 – 109	长 8	1	2676.12	0.25	33.00	41.00	44.00
塬 34 – 87	长 8	6	2677.35	0.09	31.00	38.00	40.00
塬 40 – 87	长 8	6	2652.97	0.22	36.00	43.00	53.00
塬 40 – 88	长 8	5	2712.31	0.13	30.00	39.00	41.00
塬 35 – 98	长 8	3	2677.81	0.06	23.00	29.00	33.00
塬 60 – 84	长 8	2	2565.13	0.51	23.00	31.00	41.00
塬 48 – 87	长 8	4	2676.19	0.29	29.00	36.00	40.00
塬 21 – 96	长 8	5	2683.91	0.18	23.00	30.00	38.00
平均				0.23	27.69	35.23	40.23

3.3.3　微观剩余油分布规律研究

根据上述分析我们可以看出，微观剩余油的分布存在形式主要有油膜、绕流和卡断形成的残余油，而不同的残余油存在形式又决定着剩余油的分布规律。再结合油水微观驱替特征，可以得出如下规律：

（1）微观剩余油分布取决于原生孔隙和次生孔隙的发育程度，对于粒间孔比较发育的模型（储层），可以推断粒间孔是其最主要的油水微观渗流通道，注入水在平面上的波及面积不是很广，剩余油主要分布在相对狭小的细孔喉当中。

（2）对于粒间孔和次生孔隙都比较发育的模型（储层），剩余油的分布规律与孔喉比和孔隙之间的连通性都有关。对于孔喉比相对较大的模型（储层），油水被卡断的概率就越大，卡断残余油就越多，剩余油主要分布在变孔喉处；如果孔喉比相对较小，水驱油效果就越好，注入水会沿着连通性较好的粒间孔先驱替，而后逐渐增大驱替压力，注入水进入次生孔隙发育区，由于孔喉比较小，水驱前缘比较均匀，剩余油主要存在于分布范围较小的角隅当中。

（3）岩石颗粒表面的物理化学性质（主要是润湿性）也影响剩余油的分布规律，这是因为亲油和亲水模型（储层）的微观水驱油机理不同，亲水模型（储层）的剩余油主要是成油丝、小油块、珠状和孤岛状形式滞留在小孔隙中；亲油模型（储层）的剩余油主要是岩石颗粒表面的油膜。

3.4 小结

（1）根据水驱油核磁共振测试结果分析可得，储层物性越好，饱和油饱和度也较高。在水驱油最终状态下，2 块岩心总采出程度也较高，分别为 53.07% 和 51.57%，在 T_2 弛豫时间 10ms 以下孔隙空间（小孔隙）内的采出程度均较低，分别为 5.18% 和 7.35%。在 10ms 以上孔隙空间（大孔隙）内的采出程度均较高，分别为 52.89% 和 44.22%。剩余油主要存在于 10ms 以下孔隙空间内。

（2）真实砂岩微观实验模型的驱替类型主要表现为：均匀驱替、蛇状驱替、树枝状驱替、网状驱替。其中，均匀驱替主要出现在孔隙发育、孔喉连通性较好的区域；蛇状驱替、树枝状驱替、网状驱替主要出现在部分大孔隙连通较好的区域。实验过程中油水渗流阻力大，油膜和绕流和卡断形成的残余油是主要的残余油存在形式；在 1~2PV 时，注入水波及系数增加明显。

（3）研究区自吸水驱油现象较强，"贾敏效应" 较为严重。在水驱油过程中，"贾敏效应" 成为孔隙介质中的渗流阻力，大大增大了水驱油压力，降低了驱油效率。

（4）研究区长 8 储层水驱油效率整体较低，3PV 时的驱油效率最大为 55.32%，最小为 20.78%，平均为 36.45%。长 8 储层模型 1PV 时的波及系数介于 23%~36% 范围内，平均为 27.69%；2PV 时的波及系数介于 29%~43% 范围内，平均为 35.23%；3PV 时的波及系数介于 33%~53% 范围内，平均为 40.23%。

第4章　致密砂岩油藏剩余油综合分布规律研究及影响因素分析

前文已对致密砂岩油藏的微观孔隙结构特征进行了分析，并利用真实砂岩微观模型水驱油技术对油藏的微观剩余油分布规律进行了研究。目前截至，国内外研究学者并未形成一套有效的致密砂岩油藏剩余油分布规律的研究方法。很难将微观剩余油分布与宏观剩余油分布结合起来。本书探索性的提出一种新方法，通过选取典型注水井组，并利用取自其中部分生产井的岩心来制作真实砂岩微观模型。将微观实验与宏观生产动态、井网与驱替压力系统有效结合，同时将致密砂岩油藏的微观剩余油分布规律与宏观剩余油分布规律相结合，形成一套适用于致密砂岩油藏水驱后剩余油分布预测技术。

4.1　实验介绍

致密砂岩储层物性较差且差异较大，微观孔隙结构复杂，很难将微观剩余油分布与宏观剩余油分布有效结合。为解决这一问题，本章利用真实砂岩微观模型来模拟典型注水井组的纵向、平面组合模型的井网和驱替压力，将微观剩余油分布与宏观有效结合，定量表征剩余油的分布规律。

在真实砂岩微观模型注水驱替实验过程中，由于各模型的物性差异，导致注入压力会各不相同，或者是观察同一压力下注入水的波及面积大小，观察剩余油的分布规律，而且还可以模型平面和纵向非均质性造成的水驱油效果和剩余油分布的差异。

在实际生产时，对于同一套井网各井应该处于同一压力系统下，我们实验过程中，开始将组合模型至于同于压力下，由于物性差异各模型所需的进水压力肯定是不相同的，这时，我们观察哪个模型先进水，记下启动压力（同时拍照，观察注入水的波及面积大小或剩余油的分布情况）。然后慢慢增大驱替压力，观察各个模型的注入水流动情况，如果这是其他模型也进水，那么同样记下其他模型的启动压力；如果增大驱替压力后，其他模型仍然没有进水，而先进水的模型的注入水体积已经达到 1 倍孔隙体积，此时记下压力值（拍照）。按照相同的方法逐渐增大驱替压力，如果先进水模型注入水已经达到 3 倍孔隙体积，而实验仍然没有结束，那么夹住该模型，继续进行实验，直到所有模型注入水达到 3 倍孔隙体积或注入压力达到最大值为止。

4.2 单井组合模型

选取研究区典型单井纵向的在同一层位不同射孔段、不同沉积环境、不同物性的组合模型，来分析真实砂岩微观模型水驱油特点。由于不同模型的非均质性差异，在实验过程中，注入水波及面积和驱油效率也不相同。将真实砂岩微观水驱油模型与宏观生产动态相结合，综合分析在相同注入条件下对注水开发效果的主要影响因素和剩余油分布的差异。

在单井组合模型真实砂岩微观模型水驱油实验过程中，把同一层位不同射孔段的真实砂岩微观模型并联，同时进行水驱油实验，观察在不同 PV 数下注入水波及面积及驱油效率。把实验初期的水驱油压力设为一个定值，不断地进行注水，注入压力会在储层非均质性的影响下不断发生着变化，总体呈不断增大的态势，直到注入水体积达到 3 倍孔隙体积时（3PV），注入压力截止。以同一层位不同射孔段的第一组塬 60 - 84 井的 1、2 号模型和第二组塬 22 – 109 井的 1、2 号模型为例（图 4 – 1）。

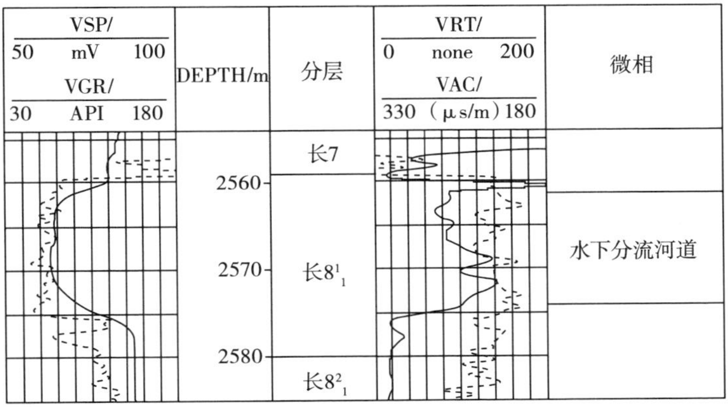

| | VSP/ | | | | VRT/ | | |
| 50 | mV | 100 | DEPTH/m | 分层 | 0 | none | 200 | 微相 |

图 4 – 1　单井纵向组合模型示意图（塬 60 – 84 井）

第一组组合 1、2 号模型的层位都为长 8 储层，深度为
2565. 13 ~ 2573. 35 m，孔隙度分别为 8.23%、9.78%；渗透率分
别为 0. 43 × 10^{-3} μm^2、0. 55 × 10^{-3} μm^2；原始含油饱和度分别为：
47. 00%、53. 00%，物性相对较好（表 4 – 1）。

表 4 – 1　第一组组合模型塬 60 – 84 井井参数对比表

井号	模型号	层位	深度/m	Φ/%	$K/10^{-3}$ μm^2	S_o/%
塬 60 – 84	1	长 8	2565. 13	8. 23	0. 43	47. 00
	2	长 8	2573. 35	9. 78	0. 55	53. 00

在真实砂岩微观模型水驱油实验开始时，先采用同一注入压
力开始注水。由于 2 块模型的物性的不同及非均质性的影响，模
型进水程度也不一样。通过观察，当注入压力达到 0. 047MPa 时，
1 号模型开始有水进入，而此时，由于 2 号模型的物性较 1 号模
型较差，尚未有水进入。继续注水，当注入压力达到 0. 059MPa
时，2 号模型才开始进水。继续注水，压力达到 0. 071MPa 时，1

号模型的注入水体积已达 1PV。随着注水压力的不断增大，2 块模型的注水波及面积也不断在增大，但 1 号模型的注水波及面积比 2 号模型的增长速率要快。当注入压力达到 0.106MPa 时，1 号模型的注入水体积已达 2 倍的孔隙体积（2PV），此时 2 号模型的注入水体积还未达到 1PV。当压力达到 0.125MPa 时，2 号模型才达到 2PV。持续注水，当注入压力达到 0.135MPa 时，1 号模型的注入水体积已达 3 倍的孔隙体积（3PV）。这时，在模型的出口端已有水流出，为使 2 快模型注入水体积都达到 3PV，需要夹住模型，1 号模型停止继续增大注入体积。最后，继续加压至 0.176MPa，2 号模型才达到 3PV，实验结束。

从真实砂岩微观模型水驱油实验过程及结果来看，当注入水体积达到 2 倍孔隙体积前，注水波及面积增长较快，1 号模型的增长速率要高于 2 号模型；当注入水体积在 2 倍孔隙体积到 3 倍孔隙体积之间，2 块模型的注水波及面积增长幅度均较小，但 1 号模型的增长速率仍要高于 2 号模型。由于 2 块模型均处在同一层位不同射孔段，它们的整体驱油效率也很接近，水驱油效果也较好，说明纵向非均质性差异较小。整个驱替过程中，注入水波及面积增长缓慢，含水上升也慢。从该井在同一层位的生产动态资料可看出，该井初期的含水率为 30% 左右，含水率较低，同时含水上升也比较缓慢，到 2016 年 5 月含水率才达到 45%，宏观上表明该井在同一层为的含水率整体上升较慢。这也与该井的真实砂岩微观模型水驱油实验结果相吻合（表 4 - 2、图 4 - 2 ~ 图 4 - 4）。

表 4 - 2　第一组组合模型塬 60 - 84 井水驱油实验参数统计

模型号	$P_{启动}$/ MPa	1PV		2PV			3PV		
		P/ MPa	E_D/ %	P/ MPa	E_D/ %	ΔE_{d1}/ %	P/ MPa	E_D/ %	ΔE_{d2}/ %
1	0.047	0.071	14.00	0.106	30.12	19.00	0.135	36.61	6.49
2	0.059	0.086	17.36	0.125	37.98	17.62	0.176	45.71	7.73

  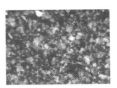

（a）1PV下局部视域　　　（b）2PV下局部视域　　　（c）3PV下局部视域
　照片（放大30倍）　　　　照片（放大30倍）　　　　照片（放大30倍）

图 4 - 2　塬 60 - 84 井 1 号模型（长 8，2565.13m）

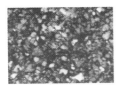 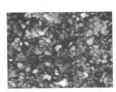 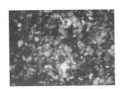

（a）1PV下局部视域　　　（b）2PV下局部视域　　　（c）3PV下局部视域
　照片（放大30倍）　　　　照片（放大30倍）　　　　照片（放大30倍）

图 4 - 3　塬 60 - 84 井 2 号模型（长 8，2573.35m）

　　第二组组合 1、2 号模型的层位都为长 8 储层，深度为
2676.12 ~ 2685.35m，孔隙度分别为 6.53%、5.72%；渗透率分
别为 $0.25 \times 10^{-3} \mu m^2$、$0.17 \times 10^{-3} \mu m^2$；原始含油饱和度分别为：
43.00%、57.00%，物性一般（表 4 - 3）。

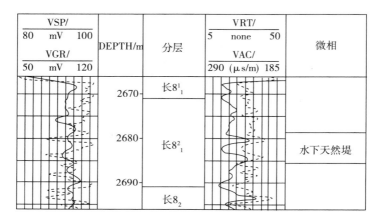

图 4 - 4　单井纵向组合模型示意图（塬 22 - 109 井）

表 4 - 3　第二组组合模型塬 22 - 109 井参数对比表

井号	模型号	层号	深度/m	Φ/%	K/$10^{-3} \mu m^2$	S_o/%
塬 22 - 109	1	长 8	2676. 12	6. 53	0. 25	43. 00
	2	长 8	2685. 35	5. 72	0. 17	57. 00

　　在真实砂岩微观模型水驱油实验开始时，先采用同一注入压力开始注水。由于 2 块模型的物性的不同及非均质性的影响，模型进水程度也不一样。通过观察分析，当注入压力达到 0.053MPa 时，1 号模型开始有水进入，水流呈网状水线沿大孔隙向模型出口端均匀推进，而此时，由于 2 号模型的物性较 1 号模型较差，尚未有水进入。当注入压力达到 0.065MPa 时，2 号模型开始有水进入。当注入压力达到 0.083MPa 时，1 号模型的注入水体积达到 1PV。此时，2 号模型尚未达到 1PV。继续注水，当注入压力达到 0.107MPa 时，2 号模型注入水体积达到 1PV。当注入压力达到 0.125MPa 时，此时 1 号模型的注入水体积达到 2PV，2 号模型尚

未达到 2PV。随着注水压力的不断增大，1 号模型的注水波及面积也不断在增大，注水波及面积增长速率也比 2 号模型要大。当注入压力达到 0.156MPa 时，2 号模型的注入水体积达到 2PV。当注入压力达到 0.165MPa 时，1 号模型的注入水体积已达 3 倍的孔隙体积（3PV），此时 2 号模型的注入水体积还未达到 3PV。这时，在模型的出口端已有水流出，需要夹住 1 号模型，使其停止继续增大注入体积。最后，继续加压至 0.182MPa，2 号模型注入水体积达到 3PV。实验结束。

从真实砂岩微观模型水驱油实验过程及结果来看，1 号模型物性较好，注入水波及面积增长较快，注入水率先达到 3 倍孔隙体积，其次 2 号模型。2 号模型注水波及面积增长速率要小于 1 号模型，增长幅度均较小。1 号模型的驱替类型呈网状，2 号模型的驱替类型呈树枝状。由于 2 块模型均处在同一层位不同射孔段，1 号模型的驱油效率最大，为 36.67%。2 号模型的驱油效率为 28.18%，小于 1 号模型。整体水驱油效果都不好，说明纵向非均质性差异较大。整个驱替过程中，含水率上升较快，注入水波及面积的增长率以 1 号模型最大，2 号模型较小。从该井在同一层位的生产动态资料可看出，该井初期的含水率为 50% 左右，含水率较高，含水率上升也比较快，到 2016 年 3 月含水率已达到 70%，宏观上表明该井在同一层为的含水率整体上升较块。该井生产动态的分析结果也与其真实砂岩微观模型水驱油实验的结果相吻合（表 4 - 4、图 4 - 5 和图 4 - 6）。

表 4 – 4　第二组合模型塬 22 – 109 井水驱油实验参数统计

模型号	$P_{启动}/$ MPa	1PV		2PV			3PV		
		$P/$ MPa	$E_D/$ %	$P/$ MPa	$E_D/$ %	$\Delta E_{d1}/$ %	$P/$ MPa	$E_D/$ %	$\Delta E_{d2}/$ %
1	0.053	0.083	18.56	0.125	30.12	11.56	0.165	36.67	6.55
2	0.065	0.107	15.77	0.156	24.35	8.58	0.182	28.18	3.83

  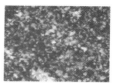

（a）1PV下全视域照片　　（b）2PV下全视域照片　　（c）3PV下全视域照片

图 4 – 5　塬 22 – 109 井 1 号模型（长 8，2676.12m）

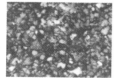 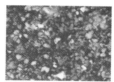 

（a）1PV下全视域照片　　（b）2PV下全视域照片　　（c）3PV下全视域照片

图 4 – 6　塬 22 – 109 井 2 号模型（长 8，2685.35m）

4.3　井组组合模型

上节对单井组合模型在纵向上的真实砂岩微观模型水驱油实验进行了研究，本节对典型井组中不同单井在同一平面上的模型实验进行研究。研究区井网形式为菱形反九点，井距为 250m × 250m。选取处于主河道中同一套砂体的典型注水井组（以塬 29 – 99 井组为例），对井组中同一层位的单井模型进行组合。通过微观驱替实验，观察。

4.3.1　塬 29 - 99 井组动态分析

表 4 - 5　塬 29 - 99 注水井组注水井对应油井统计表

注水井	开始注水时间	日配注量/m³	受控油井	实验模型编号
塬 29 - 99	2012 - 8	15.33	塬 28 - 100	1
			塬 30 - 99	2
			塬 30 - 100	3
			塬 29 - 100	4

图 4 - 7 ~ 图 4 - 11 为塬 29 - 99 井、塬 28 - 100 井、塬 29 - 100 井、塬 30 - 100 井、塬 30 - 99 井生产曲线；图 4 - 12 为塬 29 - 99 注水井组连通栅状图；图 4 - 13 为塬 29 - 99 井同位素跟踪曲线图及吸水剖面；表 4 - 6 为各井小层有效厚度与物性数据表。

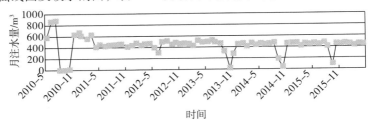

图 4 - 7　塬 29 - 99 井注水曲线

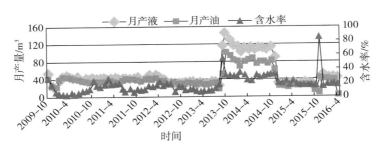

图 4 - 8　塬 28 - 100 井生产曲线

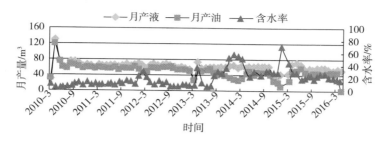

图 4-9　塬 29-100 井生产曲线

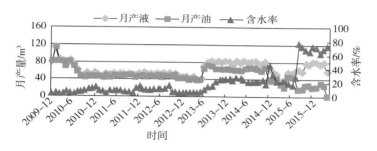

图 4-10　塬 30-100 井生产曲线

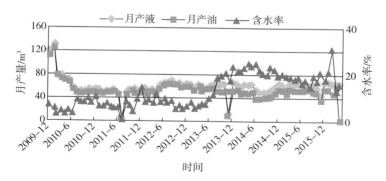

图 4-11　塬 30-99 井生产曲线

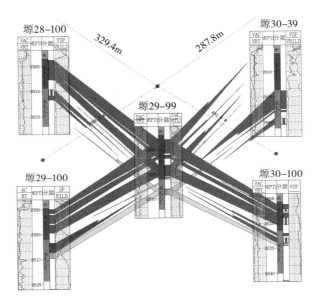

图 4 - 12　塬 29 - 99 注水井组连通栅状图

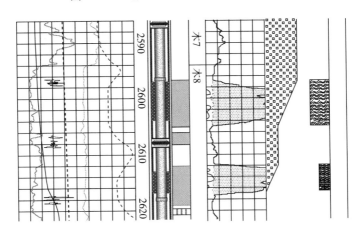

图 4 - 13　塬 29 - 99 井同位素跟踪曲线图及吸水剖面图（2012 年）

表4-6　各井小层有效厚度与物性数据表

井名	井别	小层	有效厚度/m	孔隙度/%	渗透率/$10^{-3}\mu m^2$
塬28-100	油井	长8_1^1	4.50	6.89	0.58
		长8_1^2	3.75	8.31	0.47
		长8_2	2.88	7.49	0.48
塬29-100	油井	长8_1^1	4.69	4.32	0.15
		长8_1^2	5.38	4.79	0.21
		长8_2	5.63	3.49	0.17
塬30-100	油井	长8_1^1	5.00	7.11	0.31
		长8_1^2	6.13	6.78	0.25
塬30-99	油井	长8_1^1	3.00	6.63	0.27

分析结果：

（1）从井组连通栅状图可以看出，各井在长8层位的连通性较好。

（2）从各小层有效厚度与物性数据表可以看出，塬28-100井、塬30-100井、塬30-99井在长8层位的孔渗相对较好，塬29-100井的孔渗则较差。

（3）从油井含水及产液的变化、注水井投注时间及注水量的变化情况来看，塬28-100井，塬30-99井的注采对应关系较明显。

（4）本次测井以同位素测井曲线为主进行定量解释，结合井温、压力、磁定位测井曲线进行综合解释评价。综合分析测井资料认为：本井两个射孔层都吸水，在对应的吸水层段上，同位素测井曲线有明显的异常显示，对应井温曲线也有明显的负异常反应，以同位素测井曲线进行定量解释，吸水段分别为2596.91～2605m，2611.84～2616.91m，吸水厚度共13.15m，相对吸水量分别为 59.39%、40.61%，注入强度分别为 1.1、1.2。由测井资料分析发现，射孔层地质物性差异不明显，射孔层吸水能力无显著差别，吸水比较均匀，注水情况基本正常。

（5）整体上看，塬 29 - 100 井、塬 30 - 100 井、塬 30 - 99 井的生产变化主要受塬 29 - 99 井影响，塬 28 - 100 井为主要见水方向，该井压裂层段为长 8 小层，该井在压裂层段沉积微相位于分流河道。建议对塬 29 - 100 井增加配注量。建议采取调剖作业，改善长 8¹ 层位吸水情况，对致密砂岩油藏注水方式采用温和平稳注水，以避免强注强采措施使储层物性发生更大变化，为油田后期开发带来严重不良后果。

4.3.2　塬 29 - 99 井组模型真实砂岩微观模型水驱油实验

分别制作其在长 8 层位的真实砂岩微观模型，塬 28 - 100 井、塬 30 - 99 井、塬 30 - 100 井、塬 29 - 100 井的模型编号分别为 1 号、2 号、3 号、4 号（表 4 - 7），其中塬 28 - 100 井、塬 30 - 99 井、塬 30 - 100 井的物性较好，塬 29 - 100 井的物性较差。在真实砂岩微观模型水驱油实验开始时，先采用同一注入压力开始注水。由于 4 块模型的物性的不同及非均质性的影响，模型进水程度也不一样。通过观察发现，当注入压力达到 0.043MPa 时，1 号模型开始有水进入，水流呈网状水线沿大孔隙向模型出口端均匀推进。而此时，由于 2 号、3 号、4 号模型尚未有水进入。继续注水，当注入压力达到 0.049MPa 时，3 号模型开始进水，此时还未有模型注入水波及体积达到 1PV。当注入压力达到 0.055MPa 时，2 号模型开始进水，4 号模型尚未进水。继续注水，当注入压力达到 0.067MPa 时，4 号模型才开始进水。当注入压力达到 0.081MPa 时，1 号模型注入水体积已到 1 倍孔隙体积，此时其他 3 块模型注入水体积尚未达到 1PV。当注入压力达到 0.092MPa 时，

3 号模型注入水体积也达到 1 PV。继续注水，当注入压力达到
0.096MPa 时，2 号模型注入水体积也达到 1 PV。此时，4 号模型
还未达到 1PV。当注入压力达到 0.112MPa 时，4 号模型注入水体
积才达到 1 PV。当注入压力达到 0.127MPa 时，1 号模型注入水
体积率先达到 2PV。此时，其他 3 块模型尚未达到 2PV。当注入
压力达到 0.134MPa 时，3 号模型注入水体积也达到 2 PV。2 号、
4 号模型注入水体积为 2PV 时的注入压力分别为 0.137MPa、
0.153 MPa。继续注水，当注入压力达到 0.166MPa 时，1 号模型
注入水体积达到 3PV。此时，夹住 1 号模型，继续对 2 号、3 号、
4 号模型进行注水。当注入压力达到 0.172MPa 时，3 号模型注入
水体积也达到 3PV。此时，也夹住 3 号模型，对 2 号、4 号模型
进行注水。当注入压力达到 0.186MPa 时，2 号模型注入水体积也
达到 3PV。此时，夹住 2 号模型，继续对 4 号模型进行注水。当
注入压力达到 0.195MPa 时，4 号模型注入水体积最终也达到
3PV。实验结束。

　　从真实砂岩微观模型水驱油实验过程及结果来看，1 号、2
号、3 号模型物性相对较好，注入水波及面积增长较快，其中 1
号模型注入水率先达到 3 倍孔隙体积。4 号模型注水波及面积增
长较慢，1 号、2 号、3 号模型的增长速率要高于 4 号模型，增长
幅度均较大。4 块模型均处在同一层位不同射孔段，1 号模型的
驱油效率最大，为 54.36%，其次为 3 号模型。4 号模型的驱油效
率最小为 31.78%。整体水驱油效果都较好，说明纵向非均质性
差异较小。整个驱替过程中，含水率上升较慢，注入水波及面积
的增长率以 1 号、2 号、3 号模型最大，4 号模型较小。从该井在
同一层位的生产动态资料可看出，这 4 口井在初期的含水率均不
高，在 15% 左右，整体含水率上升较慢，到 2016 年 5 月含水率

才上升到 25% 左右。宏观上表明该井在同一层为的含水率整体上升较慢。该井生产动态的分析结果也与其真实砂岩微观模型水驱油实验的结果相吻合（图 4 - 14 ~ 图 4 - 17）。

表 4 - 7　第二组组合模型水驱油实验参数统计

模型号	$P_{启动}$/ MPa	1PV		2PV			3PV		
		P/ MPa	E_D/ %	P/ MPa	E_D/ %	ΔE_{d1}/ %	P/ MPa	E_D/ %	ΔE_{d2}/ %
1	0.043	0.081	23.97	0.127	44.68	20.71	0.166	54.36	9.68
2	0.055	0.096	19.23	0.137	31.42	12.19	0.186	38.51	7.09
3	0.049	0.092	21.11	0.134	36.47	15.36	0.172	43.82	7.35
4	0.067	0.112	15.62	0.153	26.39	10.77	0.195	31.78	5.39

（a）1PV下局部视域照片　　（b）2PV下局部视域照片　　（c）3PV下局部视域照片
　　（放大30倍）　　　　　　　（放大30倍）　　　　　　　（放大30倍）

图 4 - 14　塬 28 - 100 井 1 号模型（长 8，2597. 42m）

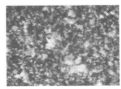

（a）1PV下局部视域照片　　（b）2PV下局部视域照片　　（c）3PV下局部视域照片
　　（放大30倍）　　　　　　　（放大30倍）　　　　　　　（放大30倍）

图 4 - 15　塬 30 - 99 井 2 号模型（长 8，2611. 75m）

经分析认为，当注入水在注入压力的作用下进入模型后，首

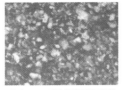 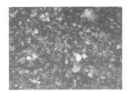 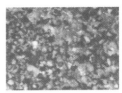

（a）1PV下局部视域照片　　（b）2PV下局部视域照片　　（c）3PV下局部视域照片

图 4 - 16　塬 30 - 100 井 3 号模型（长 8，2698.50m）

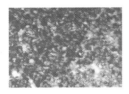  

（a）1PV下局部视域照片　　（b）2PV下局部视域照片　　（c）3PV下局部视域照片

图 4 - 17　塬 29 - 100 井 4 号模型（长 8，2585.13m）

先沿着孔喉大、连通好、阻力小的大孔隙向前推进驱替，逐步形成渗流通道，此时如果驱替条件不变，注入水在模型中形成的渗流通道便相对趋于稳定，注入水主要沿着已形成的渗流通道由模型进口端流向出口端，在这种情况下，注入水量的增加对驱油效率的影响变化不大。在此基础上，如果同组模型之间渗透率相差不大时，相邻模型也可受到注入水的驱替，这在宏观上也将起到有利的水驱油效果。

　　由此可看出，排除裂缝因素，在相同的注入压力下，驱油效率高低与模型的渗透率的大小有直接的关系。储层无论在平面和垂向上的轻微变化，都将引起在相同注水条件下的水驱油效率差异。这也更进一步证明，在油田注水开发过程中，储层渗透率的非均质性是影响驱油效率的关键。

　　对于组合模型而言，由于其反映的是储层平面和垂向的宏观非均质性，故在一组模型内的孔隙结构和渗透率的差异显著，因此造成在相同的注入压力下，高渗模型的注入水倍数已达 3 倍时，低渗模型仍未见水。如果为了在水驱油实验早期就想达到不同渗透率模型同时见水的效果而给定较高的注入驱替压力时，从实验观察到，在这种情况下注入水还是首先进入同组模型中的高渗模型，且注入水进入模型后，很快沿几条连通较好的大孔隙形成注入水渗流水线并与模型出口连通，形成较为稳定的渗流通道，造成注入水沿几条有限的通道渗流，使模型的水驱波及范围很小。此时，提高注入压力的效果只是加快了注入水在已形成的渗流通道中的流动速度，而从整体上对提高水驱油效率的意义并不是十分显著。这就是为什么当同组模型中的高渗模型水驱注入水体积倍数已达 3 倍时其他模型还未见水，而只有将高渗模型封堵后，其他模型才能进水的原因。那么针对实际注水开发的油层来讲，一旦生产井见水后如不采取相应的措施，想进一步提高产量降低含水将是十分困难的。

结合研究目的层实际分析实验中的这一现象，当在同一注入压力条件下，在平面上注入水多沿相同沉积环境的高渗带形成注入水线绕低渗带而过，在垂向上仍是在高渗段首先形成注入水驱替通道，使低渗段的油残留下来，随注入量的增加，当注入水在高渗带已形成连续的渗流通道，生产井由低含水进入中、高含水时，低渗带仍未吸水。受研究区储层致密砂岩的限制，无论是从平面和垂向上的水驱油实验结果分析，在相同注入压力下的水驱油效率均较低。当然，由于受实验条件所限，模型之间渗透率的变化是截然的，而在实际储层中，高渗带与低渗带无论是在平面和剖面上均为过渡的，其水驱的波及范围即水驱油效率应该比模型实验所得结论要高，但其差异不会太大。

4.4 剩余油分布的影响因素

影响致密砂岩油藏剩余油分布的因素较多，宏观上有构造、断层、储层非均质性、井网形式、注入速度、注入方式等，在此不逐一研究。上一章已经对黏土矿物对微观剩余油的分布影响进行了研究，本章着重对其他五个方面进行分析，包括物性、微观孔隙结构、润湿性、驱替压力和注入倍数。

4.4.1 物性影响

图4-18为驱油效率与物性相关关系，从图中可以看出驱油效率随着孔隙度的增加而增大，但相关性不好。由此可见，物性较好的模型（储层）水驱油效果不一定好，物性较差的模型（储层）也有可能有较好的驱油效果，这主要与储层的微观孔隙结构有关。

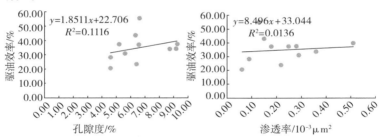

图4-18 驱油效率与物性相关关系（长8储层）

4.4.2 微观孔隙结构（包括微裂缝）的影响

由上述分析我们知道，实验模型的孔隙结构不同，其微观水驱油特征也不相同，这是因为孔隙喉道的差异造成了水驱油通道的差异，进而引起水驱油效果不同。结合高压压汞实验结果，提取平均孔喉半径和孔喉分选系数这两个微观特征参数分析对驱油效率的影响。长 8 储层模型的两个参数都和驱油效率之间表现出了较好的相关关系，即孔喉分选系数越大、孔喉半径越大水驱油效率越高。孔喉分选系数越大说明孔喉分选越差，但同时大孔喉发育的程度就越好，水驱油的渗流通道就越宽，水驱油波及范围也就相对越大。

如果模型存在微裂缝（实验模型少见微裂缝发育），首先其水驱油微观机理就发生了改变，这是因为微裂缝的存在明显增加了孔隙结构的微观非均质性，注入水沿着微裂缝快速突进，大量的残余油最终留在孔隙介质中，虽然微裂缝中的驱油效率较高，但整体驱替效果较差。

4.4.3　沉积微相的影响

已有学者对沉积微相及水驱油效率影响因素的分析研究实验结果表明：微相不同，在同一实验条件下表现出不同的水驱油特征和水驱油效率，其水驱油效率的高低主要与储层的沉积微相类别及是否发育微裂缝有关；同时，储层的孔隙度、渗透率、驱替过程中的驱替压力及驱替倍数也对驱油效率有重要影响。即使对处于同一沉积微相的模型，取自不同砂体部位的模型，其驱油效率也存在较大差别。

以长 8 储层塬 60 - 84 井实验结果为例，实验分析了取自叠置水下分流河道沉积微相的 2 块组合模型。叠置水下分流河道沉积微相在剖面上为复合韵律，取自该微相的 2 号模型处于水下分流河道砂体的底部，物性较好，孔隙度为 9.78% 、渗透率为 $0.55 \times 10^{-3} \mu m^2$；1 号模型取自砂体的顶部，物性相对较差，孔隙度为 8.23% 、渗透率为 $0.43 \times 10^{-3} \mu m^2$。2 块模型 1PV 水驱结束后，1 号、2 号模型驱油效率分别为 14% 、17.36% ，驱油效率最高值与最低值相差 3.36% ；3PV 水驱结束后，三块模型的水驱油效率分别为45.71%、36.61%，驱油效率最高值与最低值相差14.41%。可见不同的砂体部位，沉积时水动力条件不同，孔隙度和渗透性之间存在一定差异，因而驱油效率也不同。

4.4.4　润湿性的影响

颗粒表面润湿性的差异也会引起水驱油过程中驱油机理和剩余油分布特征的不同。

在亲水多孔介质中，孔隙的角隅和死端均为水占据，而油则充满较大的孔道中间。水驱油过程是润湿相驱替非润湿相的过程，水驱油的微观机理分为驱替机理和剥蚀机理。亲水模型水驱油时，水进入模型后，一部分会先沿着孔道中心阻力相对较小的通道向前推进；另一部分则突破油水界面的油膜，与束缚水汇合，沿着岩石颗粒表面驱替，此时，束缚水会把油从岩石颗粒表面剥蚀下来，然后被水带走。当束缚水汇入注入水后，颗粒表面就被注入水所占据。

首先观察在孔道中水驱油的现象，亲水模型水驱油实验时，由于储层微观孔隙结构的非均质性，各孔道大小不一，在微细孔道中，油膜断裂，束缚水把油膜剥蚀下来，汇入大片油区，被注入水均匀地向前推进。它表示束缚水剥蚀油膜的速度与大孔道中水驱油的速度相等，油水界面平行，水驱油过程象活塞一样前行，驱油效率高。在较大孔道中，油膜即将破裂，仅注入水已经进入大孔道，表示注入水驱油速度大于束缚水剥蚀油膜速度，引起水驱油的非均匀推进。在其他一些孔道中，还可以看到，注入水已经沿着颗粒表面束缚水的通道突进，把油剥蚀、推离颗粒表面。但是，在大孔道中注入水的推进速度很慢，这样就容易使连续油相断裂、形成油珠，残留在孔隙中。

残余油总是成油丝、小油块、珠状和孤岛状形式滞留在小孔隙中，残余油和孔隙壁之间，总是有不等厚的水膜相隔，如果用逐渐提高压力驱替，残余滞留少，驱油效率高。

亲油多孔介质中，油充满整个孔道系统，束缚水主要以水珠形式存在，注水驱油时，可以发现注入水沿着孔道的中轴部位驱替，孔道壁上的油膜可以沿着颗粒表面滑动，在小孔道中残留一部分油，随着注入过程的不断进行，油膜越来越薄，小孔道中的油也越来越少，最终形成残余油。

水驱油过程中，束缚水可汇入注入水中一同流动，起到驱替的作用。亲油储层中水驱油的主要机理是驱替机理，即注入水沿孔道中轴部位驱油，油沿孔道壁流动机理。在水进入孔道将中轴部位的油带走后，留在孔道壁上的油主要以此方式移动。可见合理利用这两种机理的目标就是减少水的指进，增加壁流能力。

4.4.5　驱替压力的影响

真实砂岩微观模型水驱油实验结果表明，在注入水体积倍数为 1～2PV 时，驱替压力的影响较为显著。这说明，驱替压力的提高在最初可以拓宽、增加水的渗流能力，扩大注入水波及面积，提高驱油效率。当注入水达到一定程度后，即注入水已在模型中形成较为稳定的渗流通道，且模型出口端已见水后，则驱替压力的提高只能加速注入水在已形成的渗流通道中的渗流速度，而对驱油效率影响甚微，因此，驱替压力只能在一定范围内提高驱油效率。

当然，驱替压力对驱油效率的影响在很大程度上取决于模型的孔隙结构特征。

4.4.6　注入体积倍数的影响

表 4-8 为两个层位真实砂岩微观模型水驱油实验结果，从中分析可以看出，水驱油过程中随着注入水倍数的增加，水驱油

效率不断升高，而每次驱油效率的增量却会随之缓慢降低。注入
倍数对驱油效率的影响主要在 1~2PV 时，驱油效率上升较为明
显。统计结果表明，水驱油注入倍数在 1PV 时，长 8 层位驱油效
率平均为 19.68%；2PV 时，水驱油效率平均为 33.47%，驱油
率的增量平均为 15.26%；3PV 时，水驱油效率平均为 38.69%，
驱油效率的增量平均为 6.76%。说明对物性更好的模型（储层）
而言，注入体积倍数在 1~2PV 时对驱油效率的影响更为明显。

表 4-8   长 8 层位真实砂岩微观模型水驱油实验结果

层位	模型数	注入体积倍数	1PV	2PV		3PV	
长 8	8	最大值/%	23.97	44.68	20.71	54.36	9.68
		最小值/%	14.00	24.35	8.64	28.18	3.83
		平均值/%	19.68	33.47	15.26	38.69	6.76

实验过程与结果比较发现，注入体积倍数对驱油效率的影响
还取决于模型孔隙结构非均质性的强弱，对孔隙结构非均质性较
强的模型，提高注入倍数，并不能有效增加注入水的波及面积，
对驱油效率的贡献不大；相反，对于非均质程度较弱的模型，提
高注入体积倍数能够在很大程度上提高注入水的波及面积，从而
提高驱油效率。

4.5   小结

（1）组合模型可以较好地模拟井网与驱替压力系统对驱油效
果的影响，分析纵向和平面非均质性对水驱油效率和波及系数的
影响。

（2）单井、井组组合模型水驱油结果均表明，对于渗透率较
高的模型，启动压力小，注入水达到 1 倍、2 倍和 3 倍孔隙体积

时所需的驱替压力也比较小，水驱油效果会比较好，且不同注入体积倍数下水驱油增加幅度较高。

（3）一组模型内的孔隙结构和渗透率的差异显著，因此造成在相同的注入压力下，高渗模型的注入水倍数已达 3 倍时，低渗模型仍未见水，而此时提高驱替压力对驱油效果的影响甚微，油井的含水量会不断增加。由于受实验条件所限，模型之间渗透率的变化是截然的，而在实际储层中，高渗带与低渗带无论是在平面和剖面上均为过渡的，其水驱的波及范围即水驱油效率应该比模型实验所得结论要高，但其差异不会太大。各油井在初期的含水率均不高，在 15% 左右，整体含水率上升较慢，截至 2016 年 5 月含水率才上升到 25% 左右。宏观上表明，该井在同一层为的含水率整体上升较慢，这也与微观模型实验相吻合。

（4）沉积微相和砂体展布形态会对水驱油效果产生影响，注水开发时应该注意水驱方向。

（5）剩余油分布受物性、微观孔隙结构、沉积微相、润湿性、黏土矿物、驱替压力和注入倍数这七个方面的共同影响。

（6）物性越好，水驱油效率越高，微观孔隙结构对水驱油效果影响较为复杂，不同微相沉积时水动力的强弱不同及后期成岩阶段成岩作用对孔隙结构的改造程度不同会造成水驱油效果不同。亲水和亲油模型的水驱油机理不同进而造成水驱油效果的差异，同时黏土矿物含量及其存在形式也会对水驱油效果产生影响。

（7）驱替压力的提高在最初可以拓宽、增加水的渗流能力，扩大注入水波及面积，提高驱油效率。当注入水达到一定程度后，驱替压力的提高只能加速注入水在已形成的渗流通道中的渗流速度，而对驱油效率影响甚微；注入倍数在 1～2PV 时对驱油效率的影响较大，驱油效率上升较为明显。

参考文献

［1］张更等（译）. 石油地质学［M］. 北京：地质出版社，1975：87-91.

［2］罗蛰谭，王允诚. 油气储集层的孔隙结构［M］. 北京：科学出版社，1986：21-43.

［3］Loucks, R. G., Reed, R. M., Ruppel, S. C. Morphology, genesis, and distri-bu-tion of nanometer-scale pores in siliceous mudstones of the Mississippian Barnett Shale［J］. Journal of Sedimentary Research, 2009, 79：848-861.

［4］尤源，牛小兵，冯胜斌，等. 鄂尔多斯盆地延长组长7致密油储层微观孔隙特征研究［J］. 中国石油大学学报（自然科学版），2014，38（6）：18-23.

［5］白斌，朱如凯，吴松涛，等. 利用多尺度CT成像表征致密砂岩微观孔喉结构［J］. 石油勘探与开发，2013，40（3）：329-333.

［6］Jiao, K., Yao, S. P., Liu, C., et al. The characterization and quantitative a-nalysis of nanopores in unconventional gas reservoirs utilizing FESEM-FIB and image processing：An example from the lower Silurian Longmaxi Shale, upper Yangtze region, China［J］. International Journal of Coal Geology, 2014, 128-129：1-11.

［7］高辉，王小鹏，齐银，等. 特低渗透砂岩的核磁共振水驱油特征及其影响因素——以鄂尔多斯盆地延长组为例［J］. 高校地质学报，2012，19（2）：364-372.

［8］Jafari, A., Babadagli, T. Estimation of equivalent fracture network permeability using fractal and statistical network properties［J］. Journal of Petroleum Science and Engineering, 2012, 92-93：110-123.

［9］李振泉，候健，曹绪龙，等. 储层微观参数对剩余油分布影响的微观模拟研究［J］. 石油学报，2005，26（6）：69-73.

［10］王震亮. 致密岩油的研究进展、存在问题和发展趋势［J］. 石油实验地质，2013，35（6）：587-595.

［11］宋洪亮. 砂岩微观剩余油物理模拟研究［D］. 北京：中国石油大学，2006.

［12］徐霜，张兴焰，闫志军，等. 低渗透储层微观孔隙结构及其微观剩余油分

布模式[J].西部探矿工程,2005:(9):25-29.

[13] 高明.低渗透油层孔隙结构特征及剩余油分布规律研究[D].大庆石油学院,2009.

[14] 李红南,王德军.油藏动态模型和剩余油仿真模型[J].石油学报,2006,09:113-119.

[15] 高辉,孙卫.特低渗砂岩储层微观孔喉特征的定量表征[J].地质科技情报,2010,07:89-97.

[16] 白斌,朱如凯,吴松涛,等.利用多尺度CT成像表征致密砂岩微观孔喉结构[J].石油勘探与开发,2013,05:126-138.

[17] Ma, J. S., Sanchez, J. P., Wu, K. J., et al. A pore network model for simulating non-ideal gas f low in micro-and nano-porous materials[J]. Fuel, 2014, 116:498-508.

[18] 刘向阳,史秋贤,冯斌.核磁共振技术在底水稠油藏开发中的应用[J].勘探地球物理进展,2003,04:87-92.

[19] Viet Hoai Nguyen, Adrian P. Sheppard, Mark A. Knackstedt, et al. The effect of displacement rate on imbibition relative permeability and residual saturation[J]. Journal of Petroleum Science and Engineering,2006,52:54-70.

[20] H. Guan, D. Brougham, K. S. Sorbie, et al. Wettability effects in a sandstone reservoir and outcrop cores from NMR relaxation time distributions[J]. Journal of Petroleum Science and Engineering, 2002, 34: 35-54.

[21] S. H. Al-Mahrooqi, C. A. Grattoni, A. K. Moss, et al. An investigation of the effect of wettability on NMR characteristics of sandstone rock and fluid systems [J]. Journal of Petroleum Science and Engineering, 2003, 39: 389-398.

[22] 朱玉双,曲志浩,孔令荣,等.安塞油田王窑区、坪桥区长6油层储层特征驱油效率分析[J].沉积学报,2000,18(2):279-283.

[23] 涂富华,沈平平.砂岩孔隙结构对水驱油效率影响的研究[J].石油学报,1983,4(2):35-41.

[24] 孙卫.姬塬延安组储层水驱油效率及影响因素[J].石油与天然气地质,1993,20(1):67-72.

[25] 王尤富.X-CT扫描成像技术在特低渗透储层微观孔隙结构及渗流机理研究中的应用[J].地质学报,2006,80(5):165-173.

[26] 纪淑红.高含水阶段重新认识水驱油效率[J].石油勘探与开发,2012,39

（3）:167 – 175.

[27] 刘柏林. 苏北盆地陈堡油田微观水驱油机理及水驱油效率影响因素研究
[J]. 石油实验地质,2003,25（2）:90 – 97.

[28] 邵创国. 特低渗透储层提高水驱油效率实验研究[J]. 西安石油大学学报
（自然科学版）,2004,19（3）:65 – 73.

[29] 王勇刚. 特低渗透油藏水驱油效率影响因素研究[J]. 石油天然气学报,
2009,31（2）:22 – 29.

[30] 梁浩,李新宁,马强,等. 三塘湖盆地条湖组致密油地质特征及勘探潜力
[J]. 石油勘探与开发,2014,41（5）:563 – 572.

[31] 施立志,王卓卓,张革,等. 松辽盆地齐家地区致密油形成条件与分布规
律[J]. 石油勘探与开发,2015,42（1）:1 – 7.

[32] 袁新涛,沈平平. 高分辨率层序框架内小层综合对比方法[J]. 石油学报
. 2007（06）:35 – 42.

[33] 刘波,赵翰卿,于会宇. 储集层的两种精细对比方法讨论[J]. 石油勘探与
开发,2001（06）:59 – 71.

[34] 杨华,陶家庆,欧阳征健. 鄂尔多斯盆地西缘构造特征及其成因机制[J].
西北大学学报（自然科学版）, 2011,05:31 – 43.

[35] 杨晓萍,裘怿楠. 鄂尔多斯盆地上三叠统延长组浊沸石的形成机理、分布
规律与油气关系[J]. 西北大学学报（自然科学版）2002,04:45 – 52.

[36] 赵虹,党犇,李文厚[J]. 安塞地区延长组沉积微相研究,天然气地球科
学,2004,05:53 – 62.

[37] 吴小斌,侯加根,孙卫. 基于层次分析方法对姬塬地区流动单元的研究
[J]. 吉林大学学报（地球科学版）,2011,04:53 – 62.

[38] 田景春,刘伟伟,王峰. 鄂尔多斯盆地高桥地区上古生界致密砂岩储层非
均质性特征[J]. 石油与天然气地质, 2014,02:47 – 58.

[39] 田景春,刘伟伟,王峰. 鄂尔多斯盆地高桥地区上古生界致密砂岩储层非
均质性特征[J]. 石油与天然气地质,2014,02:35 – 46.

[40] 杨永兴,黄琼,刘万涛. 鄂尔多斯盆地浅水三角洲沉积体系储层非均质性
研究——以马岭油田长 8 油藏为例[J]. 复杂油气藏,2015,03:61 – 62.

[41] 罗顺社,魏炜,魏新善. 致密砂岩储层微观结构表征及发展趋势[J]. 石
油天然气学报,2013,09:83 – 95.

[42] 张兴良,田景春,王峰. 致密砂岩储层成岩作用特征与孔隙演化定量评

价——以鄂尔多斯盆地高桥地区二叠系下石盒子组盒 8 段为例[J]. 石油与天然气地质,2014,02:70 - 83.

[43] 赵小强,万友利,易超. 鄂尔多斯盆地姬塬油田长 8 段沉积相研究[J]. 岩性油藏,2011,04:60 - 69.

[44] 耳闯,罗安湘,赵靖舟. 鄂尔多斯盆地华池地区三叠系延长组长 7 段富有机质页岩岩相特征[J]. 地学前缘,2016,02:73 - 79.

[45] 钟大康,周立建,孙海涛. 储层岩石学特征对成岩作用及孔隙发育的影响——以鄂尔多斯盆地陇东地区三叠系延长组为例[J]. 石油与天然气地质,2012,06:59 - 73.

[46] 李红,柳益群,刘林玉. 鄂尔多斯盆地西峰油田延长组长 8₁低渗透储层成岩作用[J]. 石油与天然气地质,2006,27(2):209 - 217.

[47] Viet Hoai Nguyen, Adrian P. Sheppard, Mark A. Knackstedt, et al. The effect of displacement rate on imbibition relative permeability and residual saturation[J]. Journal of Petroleum Science and Engineering,2006,52:54 - 70.

[48] 陈丽华. 扫描电镜在石油地质上的应用[M]. 北京:石油工业出版社,1990:21 - 65.

[49] 刘伟新,史志华,朱樱,等. 扫描电镜/能谱分析在油气勘探开发中的应用[J]. 石油实验地质,2001,23(3):341 - 343.

[50] 郭德运,赵靖舟,王延玲. 鄂尔多斯盆地甘谷驿油田上三叠统长 6 油层孔喉结构特征及其影响因素[J]. 西安石油大学学报(自然科学版),2006(01):37 - 48.

[51] 张创,孙卫. 低渗砂岩储层孔喉的分布特征及其差异性成因[J]. 地质学报,2012,02:42 - 54.

[52] 王瑞飞,沈平平,宋子齐. 特低渗透砂岩油藏储层微观孔喉特征[J]. 石油学报,2009,04:76 - 89.

[53] 赵继勇,刘振旺,谢启超. 鄂尔多斯盆地姬塬油田长 7 致密油储层微观孔喉结构分类特征[J]. 中国石油勘探,2014,05:73 - 86.

[54] 王瑞飞,陈军斌,孙卫. 特低渗透砂岩储层水驱油 CT 成像技术研究[J]. 地球物理学进展,2008,23(03):864 - 870.

[55] 白斌,朱如凯,吴松涛,等. 利用多尺度 CT 成像表征致密砂岩微观孔喉结构[J]. 石油勘探与开发, 2013,40(03):329 - 333.

[56] Loucks, Robert G. ,Ruppel, Stephen C. Mississippian Barnett Shale : Lithofacies

and depositional setting of a deep – water shale – gas succession in the Fort Worth Basin, Texas[J]. American Association of Petroleum Geologists Bulletin. 2007,16:43 – 57.

[57] 邱振,施振生,董大忠,等. 致密油源储特征与聚集机理——以准噶尔盆地吉木萨尔凹陷二叠系芦草沟组为例[J]. 石油勘探与开发,2016,06:36 – 49.

[58] 公言杰,柳少波,朱如凯,等. 致密油流动孔隙度下限——高压压汞技术在松辽盆地南部白垩系泉四段的应用[J]. 石油勘探与开发,2015,05:105 – 117.

[59] Katz A J,Thompsonah. Fractal sandstone Pores implication for conductivity and formation[J]. Phys ReLett, 1985, 54(3): 1325 – 1328.

[60] 林玉保,张江,刘先贵,等. 喇嘛甸油田高含水后期储集层孔隙结构特征[J]. 石油勘探与开发,2008,35(2):215 – 219.

[61] 赖锦,王贵文,柴毓. 致密砂岩储层孔隙结构成因机理分析及定量评价——以鄂尔多斯盆地姬塬地区长8油层组为例[J]. 地质学报,2014,11:63 – 75.

[62] 王明磊,刘玉婷,张福东. 鄂尔多斯盆地致密油储层微观孔喉结构定量分析[J]. 矿物学报,2015,03:76 – 89.

[63] 李海波,郭和坤,刘强. 致密油储层水驱油核磁共振实验研究[J]. 中南大学学报(自然科学版),2014,12:82 – 95.

[64] 高辉,王小鹏,齐银. 特低渗透砂岩的核磁共振水驱油特征及其影响因素——以鄂尔多斯盆地延长组为例[J]. 高校地质学报,2013,02:25 – 36.

[65] 赵培强,孙中春,罗兴平. 致密油储层核磁共振测井响应机理研究[J]. 地球物理学报,2016,05:93 – 105.

[66] 孙军昌,杨正明,唐立根. 致密气藏束缚水分布规律及含气饱和度研究[J]. 深圳大学学报(理工版), 2011,05:47 – 61.

[67] 李彤,郭和坤,李海波. 致密砂岩可动流体及核磁共振T2截止值的实验研究[J]. 科学技术与工程,2013,03:29 – 73.

[68] 王瑞飞,齐宏新,吕新华. 深层高压低渗砂岩储层可动流体赋存特征及控制因素——以东濮凹陷文东沙三中油藏为例[J]. 石油实验地质,2014,01:73 – 85.

[69] 白松涛,程道解,万金彬. 砂岩岩石核磁共振T2谱定量表征[J]. 石油学报,2016,03:59 – 82.

[70] 张仲宏,杨正明,刘先贵. 低渗透油藏储层分级评价方法及应用[J]. 石油学报,2012,03:42 – 56.

[71] Peden J M, Husain M I. Visual investigation of multiphase flow and phase interactions within porous media[J]. Society of Petroleum Engineers, 1985;3 – 19.

[72] M. Bulova, K. Nosova, D. Willberg. Benefits of the novel fiber – laden low – viscosity fluid system in fracturing low – permeability tight gas formations[J]. Society of Petroleum Engineers,2006: 1 – 8.

[73] Serhat Akin, Louis Castanier. Multiphase – flow properties of fractured porous media Edgar Rangel – German Serhat Akin, Louis Castanier[J]. Journal of Petroleum Science and Engineering, 2006, 51: 197 – 213.

[74] 吉利明,邱军利,夏燕青. 常见黏土矿物电镜扫描微孔隙特征与甲烷吸附性[J]. 石油学报,2012,02:26 – 39.

[75] Passey Q R,Bohacs K M,Esch W L,et al. From oil – prone sourcerock to gas – producing shale r eservoir:geologic and petrophysicalcharacterization of uniconventional shale – gas reservoirs[J]. Society of Petroleum Engineers, 2010;5 – 17.

[76] 徐守余,朱连章,王德军. 微观剩余油动态演化仿真模型研究[J]. 石油学报,2005,02:59 – 62.

[77] 王军,孟小海,王为民. 微观剩余油核磁共振二维谱测试技术[J]. 石油实验地质,2015,05:21 – 29.

[78] Khalili A D,Arns C H,Arns J Y. Permeability upscaling for car – bonates from the pore – scale using multi – scale Xray – CT images[J]. Society of Petroleum Engineers,2011;6 – 23.

[79] Abdulrahman Al – Quraishi, M. Khairy. Pore pressure versus confining pressure and their effect on oil – water relative permeability curves[J]. Journal of Petroleum Science and Engineering, 2005, 48: 120 – 126.

[80] 郑小敏,孙雷,王雷. 缝洞型碳酸盐岩油藏水驱油机理物理模拟研究[J]. 西南石油大学学报(自然科学版),2010,02:97 – 108.

[81] 赵阳,曲志浩,刘震. 裂缝水驱油机理的真实砂岩微观模型实验研究[J]. 石油勘探与开发,2002,01:23 – 37.

[82] 付晓燕,孙卫. 低渗透储集层微观水驱油机理研究——以西峰油田庄 19 井区长 8_2 储集层为例[J]. 新疆石油地质,2005,06:57 – 68.

[83] Welge. Predicting displacement efficiency from water – cut or gas – cut field data

　　　　[J]. Journal of Petroleum Technology,1975:7 – 26.

[84] 沈瑞,赵芳,高树生. 低渗透纵向非均质油层水驱波及规律实验研究[J].
　　　油气地质与采收率,2013,04:38 – 49.

[85] 于春生,李闽,乔国安. 纵向非均质油藏水驱油实验研究[J].西南石油大学学
　　　报(自然科学版),2009,01:56 – 73.

[86] 李海波,郭和坤,刘强. 致密油储层水驱油核磁共振实验研究[J].中南大学学
　　　报(自然科学版), 2014,12:72 – 86.

[87] J B Curtis. Unconventional petroleum systems – introduction to unconventional
　　　petroleum systems[J]. American Association of Petroleum Geologists Bulle-
　　　tin. 2002:17 – 29.

[88] 刘林玉,王震亮,高潮. 真实砂岩微观模型在鄂尔多斯盆地泾川地区长8
　　　砂岩微观非均质性研究中的应用[J]. 地学前缘, 2008,01:15 – 37.

[89] 陈杰,周鼎武. 鄂尔多斯盆地合水地区长8储层微观非均质性的试验分
　　　析[J]. 中国石油大学学报(自然科学版),2010,4(2):36 – 48.

[90] Bulova M,Nosova K,Willberg D. Benefits of the novel fiber – ladenlow – vis-
　　　cosity fluid system in fracturing low – permeability tightgas formations[J]. SPE
　　　102956 . 2006

[91] Ren Xiaojuan,Wu Pingchang,Qu Zhihao,et al. Studying the scaling mecha-
　　　nism of low – permeability reservoirs using visual real – sand micromodel[J].
　　　Society of Petroleum Engineers,2006:3 – 15.

[92] 吕露,欧阳传湘,张智君. 低渗透砂岩储层贾敏效应实验评价及解除措施
　　　以塔里木油田巴什托普东河塘组为例[J]. 地质科技情报, 2012,15(2):
　　　36 – 48.

[93] 李劲峰,曲志浩. 贾敏效应对低渗透油层有不可忽视的影响[J]. 石油勘
　　　探与开发, 1999,5(2):49 – 58.

[94] Biot MA. Theory of propagation of elastic waves in a fluid – saturated porous
　　　solid. II. Higher frequency range[J]. Journal of the Acoustical Society of A-
　　　merica. 1956:6 – 22.

[95] A. Beresnev,R. D. Vigil. Elastic waves push organic fluids from reservoir rock
　　　[J]. Geophysical Research Letters[J]. 2005:9 – 26.

[96] 吴小斌,银燕,孙卫. 鄂尔多斯盆地三角洲前缘不同沉积微相砂岩储层水
　　　驱油效率及其影响因素——以姬塬地区延长组砂岩储层微观组合模型水

驱油实验为例[J]. 油气地球物理,2008,1(2):79 - 92.

[97] 丁景辰,杨胜来,聂向荣. 低渗 - 特低渗油藏油水相对渗透率及水驱油效率影响因素研究[J]. 科学技术与工程,2013,36(3):65 - 76.

[98] 刘向君,刘洪,杨超. 碳酸盐岩气层岩电参数实验[J]. 石油学报,2011,15(3):17 - 28.

[99] 段秋者,梁保升,罗平亚. 孔隙介质中非混相微观驱替机理及影响因素[J]. 西南石油学院学报,2001,6(4):43 - 56.

[100] 齐银,张宁生,任晓娟. 裂缝性储层岩石自吸水性实验研究[J]. 西安石油大学学报(自然科学版),2005,25(3):56 - 68.

[101] Shehadeh K. Masalmeh. The effect of wettability heterogeneity on capillary pressure and relative permeability[J]. Journal of Petroleum Science and Engineering,2003:399 - 408.

[102] 王东英,任熵,蒋明洁. 非均质油藏井网注采参数优化的可视化模拟驱替实验[J]. 油气地质与采收率,2013,22(3):23 - 36.

[103] Amiell P, Billiotte J, Meunier G, et al. The study of alternate and unstable gas/water displacements using a small - scale model[J]. Gas Technology Sym - posium,1989,147 - 156.

[104] 周英芳,方艳君,王晓冬. 多层油藏非活塞式水驱驱替效率研究[J]. 油气地质与采收率,2009,6(3):83 - 95.

[105] 郭平,袁恒璐,李新华. 碳酸盐岩缝洞型油藏气驱机制微观可视化模型试验[J]. 中国石油大学学报(自然科学版),2012,27(3):29 - 41.

[106] 杨珂,徐守余. 微观剩余油实验方法研究[J]. 断块油气田,2009,15(2):78 - 86.

[107] 王学武,杨正明,李海波. 利用核磁共振研究特低渗透油藏微观剩余油分布[J]. 应用基础与工程科学学报,2013,6(4):43 - 56.

[108] 刘昊伟,王键,刘群明. 鄂尔多斯盆地姬塬地区上三叠统延长组长8油层组有利储集层分布及控制因素[J]. 古地理学报,2012,5(3):51 - 62.

[109] 周翔,何生,陈召佑,等. 鄂尔多斯盆地代家坪地区延长组8段低孔渗砂岩成岩作用及成岩相[J]. 石油与天然气地质,2016,25(3):30 - 42.

[110] 吴小斌,银燕,孙卫. 鄂尔多斯盆地三角洲前缘不同沉积微相砂岩储层水驱油效率及其影响因素——以姬塬地区延长组砂岩储层微观组合模型水驱油实验为例[J]. 油气地球物理,2008:23 - 29.

[111] 雷卞军,李跃刚,李浮萍, 等. 鄂尔多斯盆地苏里格中部水平井开发区
盒 8 段沉积微相和砂体展布[J]. 古地理学报,2015,5(1):15 - 27.

[112] 付金华,喻建,徐黎明, 等. 鄂尔多斯盆地致密油勘探开发新进展及规
模富集可开发主控因素[J]. 中国石油勘探, 2015,3(1):21 - 35.

[113] 张三,马文忠,马艳丽, 等. 鄂尔多斯盆地姬塬地区长 6 储层渗流特征
[J]. 地质通报,2016,5(2):37 - 49.

[114] 薛永超,田虓丰. 鄂尔多斯盆地长 7 致密油藏特征[J]. 特种油气藏,
2014,19(3):50 - 59.

[115] 任大忠,孙卫,赵继勇, 等. 鄂尔多斯盆地岩性油藏微观水驱油特征及
影响因素——以华庆油田长 8_1 油藏为例[J]. 中国矿业大学学报,2016,
44(6):1043 - 1052.

[116] 高辉,孙卫,李建强. 特低渗砂岩储层临界启动渗透率分析[J]. 西安石
油大学学报(自然科学版), 2010,25(3):38 - 42.

[117] 高辉,孙卫. 特低渗透砂岩储层微观孔隙结构的定量表征[J]. 地质科
技情报,2010,29(4):67 - 72.

[118] 高辉,孙卫,高静乐. 特低渗透砂岩储层微观孔喉与可动流体变化特征[J].
大庆石油地质与开发,2011,30(2):89 - 93.

[119] 穆龙新,赵国良,田中元,等. 储层裂缝预测研究[M]. 北京:石油工业出
版社,2009.

[120] 周新桂,张林炎,范昆. 油气盆地低渗透储层裂缝预测研究现状及进展
[J]. 地质论评,2006,52(6):777 - 782.

[121] 赵军龙,李兆明,李建霆,等. Z 油田天然裂缝测录井识别技术应用[J].
石油地球物理勘,2010,45(4):584 - 591.

[122] 赵军龙,巩泽文,李甘,等. 碳酸盐岩裂缝性储层测井识别及评价技术综
述与展望[J]. 地球物理学进展,2012,27(2):537 - 547.

[123] 赵永刚,潘和平,李功强,等. 鄂尔多斯盆地西南部镇泾油田延长组致密
砂岩储层裂缝测井识别[J]. 现代地质,2013,27(4):934 - 940.

[124] 王晓,周文,王洋,等. 新场深层致密碎屑岩储层裂缝常规测井识别[J].
石油物探,2011,50(6):634 - 638.

[125] 张世懋,丁晓琪,易超. 镇泾地区延长组 8 段致密储层裂缝识别与预测
[J]. 测井技术,2011,35(1):36 - 40.

[126] 王永刚. 济阳坳陷太古界变质岩储层裂缝识别与定量解释[J]. 测井技

术,2012,36(6):590 – 595.

[127] 陈冬,陈力群,魏修成,等.火成岩裂缝性储层测井评价——以准噶尔盆地石炭系火成岩油藏为例[J].石油与天然气地质,2011,32(1):83 – 89.

[128] 白斌,邹才能,朱如凯,等.川西南部须二段致密砂岩储层构造裂缝特征及其形成期次[J].地质学报,2012,86(11):1841 – 1846.

[129] 张卫华.鄂尔多斯盆地黑山墩地区断裂特征及与油气的关系[J].石油实验地质,2008,30(2):138 – 143.

[130] 陈欢庆,胡永乐,靳久强,等.多信息综合火山岩储层裂缝表征:以徐深气田徐东地区营城组一段火山岩储层为例[J].地学前缘,2011,18(2):294 – 303.

[131] 周新桂,张林炎.鄂尔多斯盆地北部塔巴庙地区与地层挠曲变形有关的构造裂缝分布定量预测[J].地质力学学报,2005,11(3):215 – 225.

[132] 陈刚,李向平,周立发,等.鄂尔多斯盆地构造与多种矿产的耦合成矿特征[J].地学前缘,2005,12(4):535 – 540.

[133] 张义楷,周立发,党犇,等.鄂尔多斯盆地中东部三叠系、侏罗系露头区裂缝体系展布特征[J].大地构造与成矿学,2006,30(2):168 – 173.

[134] 张义楷,周立发,党犇,等.鄂尔多斯盆地中新生代构造应力场与油气聚集[J].石油实验地质,2006,28(3):215 – 219.

[135] 白斌,邹才能,朱如凯,等.四川盆地九龙山构造须二段致密砂岩储层裂缝特征、形成时期与主控因素[J].石油与天然气地质,2012,33(4):526 – 534.

[136] 王瑞飞,陈明强,孙卫.特低渗透砂岩储层微裂缝特征及微裂缝参数的定量研究——以鄂尔多斯盆地沿25区块、庄40区块为例[J].矿物学报,2008,28(2):215 – 220.

附　图

充填孔隙的高岭石及长石高岭石化　　　　局部可见粒间孔及绿泥石膜

长石溶孔及粒间孔　　　　　　　　局部发育的长石溶孔及充填
　　　　　　　　　　　　　　　　　　孔隙的高岭石

长石溶孔及充填孔隙的高岭石, 粒间孔　　　　长石溶孔及破裂孔

充填孔隙吸附有机质的高岭石及伊利石

颗粒镶嵌状接触

充填孔隙的铁方解石及溶孔

长石高岭石化

钙质及充填孔隙的高岭石, 绿泥石
吸附有机质

粒间孔及绿泥石膜

他形充填孔隙的硅质

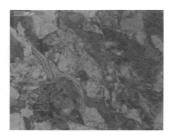

颗粒镶嵌状生长

伊利石西鳞片状绕颗粒生长

充填孔隙的钙质及长石高岭石化

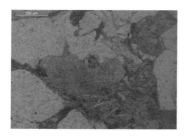

长石高岭石化及玄武岩屑

充填孔隙的钙质及高岭石

加大镶嵌状结构

孤立分布的粒间孔及长石溶孔

顺层分布的云母及千枚岩屑

钙质及高岭石充填孔隙

高岭石

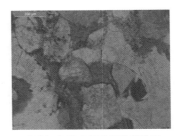

硅质加大及充填孔隙的高岭石

溶孔、钙质及硅质加大

充填孔隙的高岭石

钙质溶孔及水花的黑云母

长石破裂孔

铁方解石细晶镶嵌状结构

加大及充填孔隙，溶孔

镶嵌状结构

充填孔隙的高岭石

加大及镶嵌状结构

铁方解石中的高岭石包体

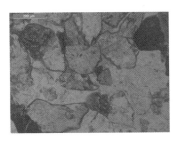

他形充填孔隙的硅质及绿泥石膜

颗粒镶嵌状接触

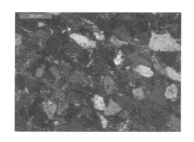

伊利石细鳞片状

加大

长石溶孔及充填孔隙的高岭石

充填孔隙的高岭石及溶孔

硅质加大及充填孔隙的钙质

发育的绿泥石膜及粒间孔

粒间孔及长石溶孔　　　　　　　　　充填粒间孔的自生硅质

粒间孔及长石溶孔　　　　硅质加大镶嵌状结构及粒间孔，溶孔

粒间孔及加大　　　　　　　　　　　　钙质砂岩

长石溶孔及充填孔隙的钙质

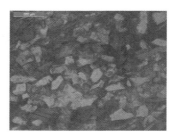

钙质砂岩，云母顺层分布

充填孔隙的钙质及高岭石，硅质加大

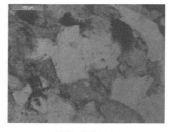

局部硅质加大

颗粒高岭石化机钙化

充填孔隙的钙质及高岭石

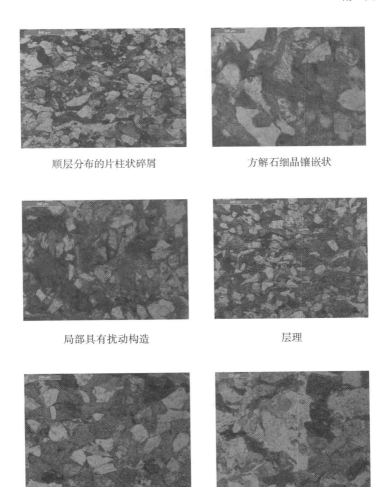

顺层分布的片柱状碎屑　　　　　　　　方解石细晶镶嵌状

局部具有扰动构造　　　　　　　　　　层理

铁方解石巨–细晶镶嵌状结构　　　　　　加大镶嵌状结构

局部具有扰动构造

钙质砂岩（次生灰岩）

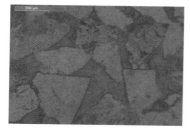

连晶状充填孔隙的钙质

绿泥石膜及粒间孔，长石溶孔

充填孔隙的高岭石及钙质，硅质加大

连晶状充填孔隙的钙质